DR. KATRIN HAGMANN | HELGE SIEGER

Der Gassi-Coach

Erziehen beim Spazierengehen

Spannende Themenspaziergänge

Spielerisch erziehen
mit Erfolgsgarantie

Kennen Sie das? Sie lieben es, mit Ihrem Hund spazieren zu gehen, doch leider lassen einige unerwünschte Verhaltensweisen bei ihm die gemeinsamen Ausflüge in Stress ausarten. Das muss nicht sein. Dieses Buch stellt Ihnen Erziehungsrezepte vor, mit denen Sie alle Probleme lösen können. Ja, Sie werden dabei sogar viel Spaß mit Ihrem Hund haben. Unser »Sechs-Wochen-Intensivtraining« und die »Themenspaziergänge« vermitteln Ihnen das nötige Handwerkszeug, damit Sie entspannte Spaziergänge mit einem zufriedenen, zuverlässigen Hund genießen können. Am besten fangen Sie gleich auf dem nächsten Gassi-Spaziergang an.

Erziehung muss sein

Wir alle wünschen uns einen freundlichen, umgänglichen Hund, der weder Menschen noch andere Tiere belästigt – einen lebensfrohen Vierbeiner, mit dem wir entspannt unsere Freizeit und das Familienleben genießen können. Kurz: einen glücklichen Hund, an dem wir uns täglich erfreuen. Doch der Vierbeiner muss die Regeln im Zusammenleben mit dem Menschen erst erlernen, also all die Verhaltensweisen, die erlaubt, erwünscht oder verboten sind. Dabei ist er auf Ihre Hilfe angewiesen. Nur Sie können ihm zeigen, was er darf und was nicht. Unterbleibt diese Erziehung, entwickelt sich selbst der süßeste Welpe rasch zum Problemhund.

Trainieren beim Spazierengehen

Aus der täglichen Praxis der Hundeschule wissen wir, dass vielen Hundebesitzern vor allem eines fehlt: Zeit, um ihren Hund zu erziehen. Dabei lassen die meisten Hundebesitzer die Zeit völlig ungenutzt, die sie ohnehin für den täglichen Spaziergang aufwenden müssen. In diesem Buch finden Sie vielfach praxisbewährte und sofort anwendbare Rezepte, um Ihrem Hund etwas auf dem Gassi-Spaziergang beizubringen – fachlich fundierte Trainingspläne, die dazu beitragen, Ihr Zeitproblem zu lösen, und die Ihnen zu einem gut erzogenen, umgänglichen und vor allem ausgelasteten Hund verhelfen.

In sechs Wochen zum Erfolg

Hinter unserem Trainingskonzept steckt die Idee, dass Sie Ihrem Hund die Erziehungslektionen auf spielerische Art und Weise beim Spazierengehen vermitteln. Dazu haben wir einen sechswöchigen Übungsplan erarbeitet, der darauf ausgerichtet ist, dass Sie mit intensivem Training innerhalb kurzer Zeit ausgezeichnete Erfolge erzielen können. Das Besondere daran: Sie müssen hierzu keine zusätzliche Zeit mit dem Hund aufwenden. Vielmehr trainieren Sie, wenn Sie mit ihm sowieso unterwegs sind – auf dem täglichen Gassi-Spaziergang. Alle Übungen bauen aufeinander auf, daher haben Sie den besten Erfolg, wenn Sie die vorgestellte Reihenfolge einhalten und keine Übung auslassen. Sollten Sie jedoch nicht alle Übungen innerhalb einer Woche schaffen, so ist dies auch nicht weiter schlimm. Vergessen Sie nicht: Jeder Hund hat seine eigene Persönlichkeit. Manche brauchen einfach etwas mehr Zeit für eine Übung, weil sie sich vielleicht noch nicht so gut konzentrieren können. Anderen fehlt noch die Erfahrung, wie es ist, mit einem Menschen zusammenzuarbeiten. Wieder andere müssen zuerst verlorenes Vertrauen wieder aufbauen, insbesondere Hunde aus dem Tierheim. Dies bedeutet für Sie, dass Sie in solchen Fällen für ein Wochenpensum vielleicht sogar zwei Wochen brauchen.

Die Übungen flexibel gestalten

Denken Sie daran, dass eine Übung am besten funktioniert, wenn der Hund dabei möglichst wenig abgelenkt ist. Je mehr spannende Dinge in der Umgebung passieren, desto schwerer fällt es Ihrem Vierbeiner, sich auf Sie und seine Aufgabe zu konzentrieren. Natürlich werden Sie auf einem Spaziergang nie jede erdenkliche Ablenkung ausschalten können. Sollte also auf Ihrem Gassigang einmal etwas mehr als gewöhnlich los sein, stellen Sie sich darauf ein, indem Sie die Übungen etwas einfacher gestalten. Lassen Sie beispielsweise Ihren Hund in solchen Fällen nur 30 Sekunden »Sitz« machen, obwohl er in weniger ablenkungsreichen Situationen schon eine Minute geschafft hat. Mit solchen kleinen Änderungen können Sie jeden Spaziergang für ein erfolgreiches Training nutzen.

Grundlagen der Kommunikation

Damit Ihr vierbeiniger Freund Ihre Worte und Gesten richtig deutet und überhaupt versteht, was Sie von ihm wollen, gilt es, einige grundlegende Regeln bei der »Mensch-Hund-Kommunikation« zu beachten. Ihr Vierbeiner nimmt nämlich nicht nur den Tonfall Ihrer Stimme wahr, sondern registriert auch feinste Nuancen Ihrer Körpersprache und Mimik. Wie leicht kommt es dabei zu Missverständnissen.

Verstehen Sie »Hündisch«?

Zu einer erfolgreichen Kommunikation gehören mindestens zwei: ein Sender und ein Empfänger. Dabei ist es wichtig, dass beide jeweils die Signale des anderen verstehen. Menschen kommunizieren vorwiegend über akustische Signale, genauer gesagt über Worte. Diese werden durch optische Signale wie Körperhaltung, Gesten und Mienenspiel wirkungsvoll unterstützt. Im Tierreich dagegen findet die Kommunikation auf vielfältige Weise statt – über optische, olfaktorische (= geruchliche), akustische, taktile (= Berührungs- und Vibrationssignale) und/oder elektrische Signale. Hunde tauschen primär optische und olfaktorische Signale aus. Dazu setzen sie ihren gesamten Körper ein. Mit einbezogen in die Körpersprache des Hundes werden der Gesichtsausdruck, die Blickrichtung der Augen, die Nase, der Fang mit den Lefzen, die Haltung der Ohren und des gesamten Kopfes sowie die Bewegung und Haltung des Schwanzes. Außerdem spielt auch das Aussehen des Fells eine wichtige Rolle – es kann an bestimmten Stellen aufgerichtet oder glatt sein.

Der ganze Hundekörper spricht

Hunde setzen ihre Körpersprache nicht nur zum Austausch mit ihren Artgenossen ein, sondern auch zur Kommunikation mit dem Menschen. Um bei diesem Dialog Missverständnissen vorzubeugen, sollten Sie neben den oben genannten Körperteilen auch den übrigen Körper des Hundes betrachten. So können etwa die Muskelanspannung oder die Haltung der Läufe (Beine) wertvolle Hinweise auf die jeweilige Stimmung des Hundes liefern. Ein Schwanzwedeln beispielsweise kann vieles bedeuten. In erster Linie zeigt es zunächst eine gewisse Erregung des Hundes an. Diese kann, muss aber nicht freundlich sein.

Kein Lernerfolg bei Stress

Hunde sind Säugetiere wie wir Menschen. Auch der Aufbau ihres Gehirns ähnelt dem unseren. Wissenschaftler gehen heute sogar davon aus, dass Hunde viele Gefühle mit dem Menschen teilen, seien es Freude, Angst, Stress, Wut oder Trauer. Kennen wir die Köpersprache unseres Vierbeiners, können wir also Rückschlüsse darauf ziehen, wie er sich gerade fühlt. Dies kann für das Training und die Ausbildung eines Hundes insgesamt sehr wichtig sein. Zeigt Ihr Hund Anzeichen von Stress, überfordern Sie ihn vielleicht in dem Moment – z. B. mit dem was Sie tun oder verlangen. Oder

6

Ihr Hund fühlt sich aus anderen Gründen in der konkreten Situation unwohl. Schon die jeweilige Umwelt vermag die Befindlichkeit Ihres Vierbeiners stark zu beeinflussen. Manche Hunde haben beispielsweise Angst vor lauten Geräuschen. Wenn Sie mit solchen Hunden »Sitz« in der Nähe einer lärmenden Baustelle üben, kann das dazu führen, dass Sie nur einen schlechten oder gar keinen Lernerfolg erzielen werden.

Angst lähmt: Aus der wissenschaftlichen Forschung wissen wir, dass Angst und Stress das Lernen blockieren. Aus gutem Grund, denn alle Lebewesen möchten einer vermeintlichen Gefahr (dem Stressauslöser) schnell und möglichst schadlos entkommen. Deshalb schalten alle Körperfunktionen auf Flucht, wenn Gefahr droht. Nicht das Lernen, sondern das Überleben oder Abwenden möglicher Schäden steht in derartigen Situationen im Vordergrund. Stellen Sie sich vor, Sie sollen eine Mathematikaufgabe lösen, während in Ihrer Nähe ein Tiger durchs Gebüsch schleicht. Wetten, dass es Ihnen unter diesen Bedingungen schwer fallen wird, selbst einfachste Rechenübungen zu bewältigen oder sich darauf zu konzentrieren? Ihr gesamter Körper befindet sich vielmehr in Alarmbereitschaft und tut das in dieser Situation einzig Richtige: Er bereitet Sie auf eine mögliche Flucht vor.

Pannen bei der Kommunikation

Kommunikation ist nur möglich, wenn beide Partner die gleiche Sprache sprechen. Menschen und Hunde verfügen aber über eine grundsätzlich unterschiedliche Körpersprache, was auf ihre unterschiedliche Entwicklungsgeschichte zurückzuführen ist. Menschen gehören zu den Primaten und haben gemeinsame Vorfahren mit den Affen. Hunde gehören zur Familie der Caniden und stammen vom Wolf ab. Da wundert es nicht, dass der Unterschied in der Körperspra-

che gelegentlich zu Missverständnissen führt. So mögen es etwa Menschen, einem Hund mit der Hand über das Fell zu streicheln, ihn am Kopf zu tätscheln oder ihn zu umarmen. Bei unseren affenartigen Verwandten ist es ein wichtiger Teil des Sozialverhaltens, sich gegenseitig mit den Händen durchs Fell zu gehen oder sich am Kopf anzufassen. Gorillas und Schimpansen umarmen sich, um sich gegenseitig zu

Mit Schwung über den Baumstamm, das macht Ihrem Hund nicht nur Spaß, sondern fördert auch seine Koordination.

7

beruhigen. Unter Hunden gibt es solche Gesten nicht. Kein Hund tätschelt einem anderen mit der Pfote zur Begrüßung den Kopf oder umarmt ihn mit den Vorderpfoten. Doch wir Menschen tun es unseren äffischen Vorfahren gleich. Wir umarmen Hunde aus Unwissenheit. Viele Hunde fühlen sich von solchen menschlichen Gesten bedroht. Im schlimmsten Fall kann dies sogar zu aggressivem Verhalten führen.

Die Pfote zur Begrüßung heben kann ein Hund als Trick auf Signal lernen. Unter Hunden gibt es solche Gesten nicht.

Sind Sie sich Ihrer eigenen Signale bewusst?

Hinzu kommt, dass wir Menschen uns meist gar nicht vergegenwärtigen, wie viele Signale wir ständig mit unserem Körper aussenden. Im Gegensatz dazu messen Hunde jeder kleinsten Bewegung von uns eine Bedeutung bei. Dies kann im Umgang mit Hunden ebenso zu Missverständnissen wie auch zu Misserfolgen in der Ausbildung führen: dann nämlich, wenn wir dem Hund Signale geben, die aus seiner Sicht im Widerspruch zueinander stehen. Im Folgenden wollen wir Ihnen zwei klassische Beispiele vorführen, die Sie bestimmt schon aus eigener Erfahrung kennen:

Fallbeispiel 1: Den Hund zu sich rufen. Sicher kennen Sie die Situation, wenn Hundehalter ihr Tier zu sich rufen:

► »Fehlverhalten Mensch«: Typischerweise stellen sich viele Menschen dabei frontal zum Hund, beugen sich zu ihm nach vorne und sehen ihm direkt in die Augen. Für uns Menschen eine alltägliche Gewohnheit, über die wir nicht einmal nachdenken. Schließlich ist es für uns ein Ausdruck der Höflichkeit, sich zur freundlichen Begrüßung beim Händeschütteln gegenüberzustehen und sich in die Augen zu schauen.

► »Fehlinterpretation Hund«: Unter Hunden ist frontales Aufeinanderzugehen eine bedrohliche Geste – erst recht, wenn sich dabei ein Hund womöglich noch über den anderen beugt. Blicken sich die Vierbeiner zusätzlich direkt in die Augen, gilt dies als unverhohlene Drohung. Übersetzt in die Hundesprache hieße das dann etwa »Halte bloß Abstand von mir, ich bin dir nicht wohlgesonnen!« – also genau das Gegenteil von dem, was wir eigentlich ausdrücken und dem Hund vermitteln wollen. Freundlich gesonnene Hunde dagegen schauen eher aneinander vorbei.

Bei dem Beispiel geben wir zwar das verbale Signal: »Komm zu mir«. Gleichzeitig signalisieren wir dem Hund aber mit unserer Körpersprache: »Halte Abstand von mir«. Dies führt zwangsläufig zur kompletten Verwirrung des Hundes. Da die Körpersprache für Ihren Vierbeiner den höchsten Stellenwert aller Signale besitzt, wird er höchstwahrscheinlich nicht kommen, sondern stattdessen lieber Abstand halten.

Fallbeispiel 2: Einen fremden Hund begrüßen. Ein weiteres typisches Missverständnis zwischen Mensch und Hund können Sie beobachten, wenn ein Mensch einen ihm unbekannten, unsicheren oder nicht gut sozialisierten Hund begrüßt:

▶ »Fehlverhalten Mensch«: Der Mensch beugt sich in freundlicher Absicht zum Hund vor. Dabei schaut er den Vierbeiner direkt, eventuell noch lächelnd an und streckt die Hand aus, um den Hund über den Kopf zu streicheln. Was aber passiert nun? Der Hund fängt an zu bellen, zeigt vielleicht sogar seine Zähne. Warum reagiert der in freundlicher Absicht begrüßte Hund seinerseits derart »unfreundlich«?

▶ »Fehlinterpretation Hund«: Der Hund deutet die hier gezeigten menschlichen Gesten aus Hundesicht, und aus dieser Sicht bedeuten sie eine Bedrohung. Überbeugen bzw. sich groß machen, die direkte Annäherung und die unmittelbare Blickfixierung sind neben Zähneblecken (dem missverstandenen Lächeln des Menschen) unter Hunden klassische Drohgesten. Diese Gesten sind darauf ausgerichtet, den anderen auf Abstand zu halten. Oft ist aber ein so begrüßter Hund an der Leine. Er kann daher nicht fliehen und auf Abstand zu dem aus seiner Sicht drohenden Menschen gehen. Ihm bleibt also nichts anderes übrig, als seinerseits Drohgesten einzusetzen, um den in seinen Augen bedrohlichen fremden Menschen auf Distanz zu halten.

Resümee: Nur wenn wir lernen, die Körpersprache der Hunde besser zu verstehen, und uns unserer eigenen Körpersignale bewusster werden, lassen sich solche Missverständnisse von vornherein vermeiden. So würde im Umgang mit unseren Hunden vieles schon von ganz allein besser klappen.

Vorn übergebeugte Haltung, direkter Blick in die Augen – wer so einen Hund begrüßt, provoziert ungewollt aggressives Verhalten.

So ist es richtig: Begrüßen Sie einen Hund in aufrechter Körperhaltung. Dadurch vermeiden Sie es für ihn bedrohlich zu wirken.

Das Lernverhalten Ihres Hundes

Hunde lernen ständig – und zwar ein Leben lang – durch Nachahmung, Gewöhnung, Sensibilisierung und Verknüpfung. Dabei lernen sie nicht nur, wenn wir eine Übung mit ihnen machen oder wenn wir denken, dass wir ihnen gerade etwas beibringen. Vielmehr lernen Hunde, sobald sie in irgendeiner Form aktiv sind.

Auf welche Weise lernt Ihr Hund?

Hunde sind vor allem Meister im Beobachten menschlichen Verhaltens. Durch die Reaktion ihres Menschen begreifen sie sehr schnell, welches Verhalten sich für sie lohnt und welches nicht. Allerdings unterliegt das Lernen gewissen Gesetzen, die von Wissenschaftlern in unzähligen Versuchen entschlüsselt worden sind. Wir gehen hier nicht im Detail auf die Lerngesetze ein. Dafür gibt es spezielle Bücher, die sich diesem Thema im gebotenen Umfang widmen (siehe Bücher, die weiterhelfen, Seite 142). Unsere Erziehungsrezepte sollen vielmehr für Sie ohne großes Vorwissen sofort einsetzbar sein – wie ein gutes Kochbuch, dessen bewährte Rezepte Sie Schritt für Schritt sicher zum Erfolg führen. Daher beschränken wir uns an dieser Stelle auf einige wenige grundlegende Erkenntnisse, die die Wissenschaft über die Mechanismen des Lernens herausgefunden hat – wichtige Grundlagen, die für die Ausbildung Ihres Hundes und für die Durchführung der Übungen dieses Buches unerlässlich sind.

Verknüpfungen herstellen

Hunde können Ereignisse miteinander verknüpfen, wenn sie nahezu zeitgleich passieren. Die unmittelbare zeitliche Nähe zweier Aktionen ist somit extrem wichtig, um eine Verknüpfung zu etablieren. Nur so lernt Ihr Hund Zusammenhänge. Ein Beispiel: Sie möchten Ihrem Vierbeiner Folgendes beibringen: »Wenn ich mich hinsetze, bekomme ich eine Belohnung.« Damit Ihr Hund Sie versteht und die Verknüpfung aufbaut, müssen Sie ihn belohnen, sobald sein Hinterteil den Boden berührt hat. Die besten Ergebnisse erzielen Sie, wenn die Belohnung innerhalb einer halben Sekunde nach der gewünschten Aktion erfolgt.

Lernen durch positive Verstärkung

Belohntes Verhalten wird häufiger gezeigt. Dies ist ein durch zahlreiche wissenschaftliche Studien belegtes Lerngesetz, das für alle Lebewesen gilt. Auf die Praxis bezogen bedeutet dies: Belohnen (bestärken) wir den Hund für eine Tätigkeit, so wird er sie häufiger ausführen. Das Prinzip ist also ganz einfach: Wir zeigen unseren Hunden, dass es sich lohnt, das vom Menschen Gewünschte zu tun. Dieses Prinzip ist nicht nur sehr effektiv, es bereitet auch beiden Seiten – also Hund und Mensch – eine Menge Spaß. Sie wissen es aus eigener Erfahrung: Wenn Sie etwas gerne tun, beschäftigen Sie sich auch häufiger damit. Je häufiger Sie mit Ihrem Hund trainieren, desto besser wird er lernen, sich wie von Ihnen gewünscht zu benehmen. Positive Verstärkung ist eine sehr leicht anwendbare Trainingstechnik. Alles, was Sie brauchen, ist lediglich ein gewisses Grundverständnis dafür, wie Hunde lernen und wie sie die Welt sehen. Und genau dies erklären wir Ihnen auf den folgenden Seiten.

Primäre und sekundäre Verstärker

Grundsätzlich gibt es zwei Arten von positiver Verstärkung. Alles was beim Hund von sich aus ein gutes Gefühl hervorruft, bezeichnet die Wissenschaft als »primären Verstärker«. So löst etwa allein schon der Anblick von Futter bei Hunden ein gutes Gefühl aus. Oder anders formuliert: Der Hund muss nicht erst lernen, dass Futter oder Leckerlis eine prima Sache und höchst begehrenswert sind. Deshalb gilt Futter für den Hund als sogenannter primärer Verstärker. Ebenso können positive Sozialkontakte primäre Verstärker sein.

Bei anderen Dingen muss der Hund erst lernen, dass sich mit ihnen etwas Positives verbindet. Sprich, er muss begreifen, dass diese Dinge gut und erstrebenswert für ihn sind. Derartige Verstärker bezeichnet man als »sekundäre Verstärker«. Als solcher kann beispielsweise ein bestimmtes Wort dienen.

Der Sinn des Lobworts

Worte haben für Hunde zunächst keine Bedeutung. Um Bedeutung zu erlangen, muss ein Wort mit einem primären Verstärker in Verbindung gebracht werden – also mit etwas, das dem Tier ein gutes Gefühl beschert, wie etwa Leckerlis. Für Ihren Hund ist die Verknüpfung eindeutig und am leichtesten herzustellen, wenn Sie ein einzelnes Wort mit einer Futter- bzw. Leckerligabe verbinden. Wir bezeichnen ein solches Wort als »Lobwort«. Der Hund lernt dabei, dass ein bestimmtes Wort (der sekundäre Verstärker) das Versprechen dafür ist, dass er gleich etwas sehr Schönes, eine Belohnung, bekommt – Futter etwa (der primäre Verstärker). Wissenschaftler nennen diesen Vorgang »Konditionieren des Lobworts«.

Der Clicker als nützliches Hilfsmittel

Ein anderer sekundärer Verstärker ist der Clicker. Im Prinzip handelt es sich um einen kleinen Knackfrosch, wie Sie ihn aus Spielzeugläden kennen. Der Hund lernt das Geräusch mit Futter zu verknüpfen. Der Vorteil des Clickers: Sein Geräusch kommt im Alltag nicht oder nur höchst selten vor. Es ist daher sehr leicht für den Hund, das Knacken des Clickers

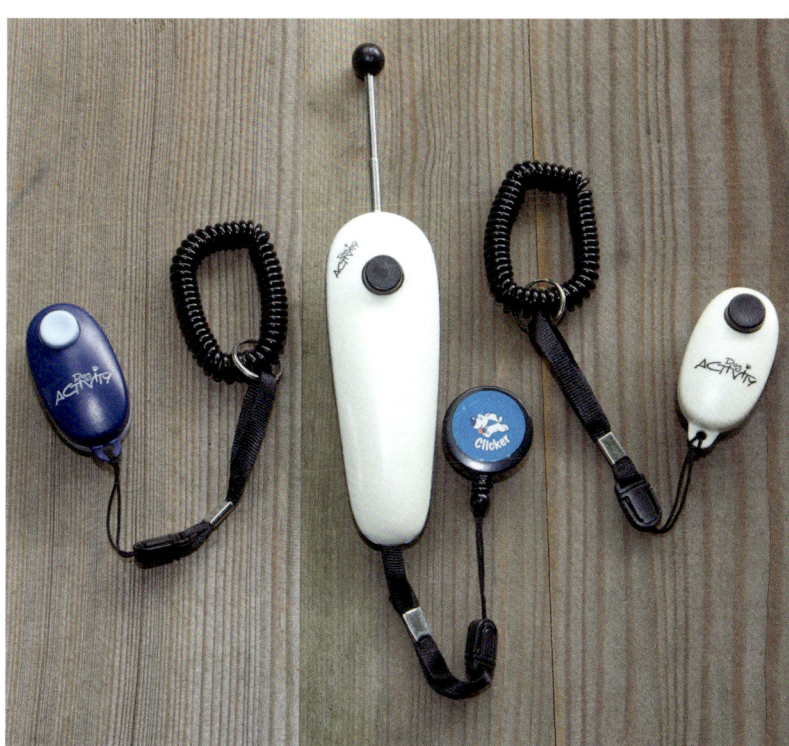

Clicker zählen zu den sinnvollsten Hilfsmitteln bei der Hundeerziehung – alleine oder in Kombination mit einem Targetstab (Mitte).

11

zu erkennen, selbst wenn im Umfeld eine größere Geräuschkulisse herrschen sollte. Wie Sie das Lobwort und den Clicker genau konditionieren, erfahren Sie ab Seite 28.

Die richtige Form der Belohnung

Wollen Sie Ihren Hund richtig belohnen, müssen Sie die Art von Belohnung wählen, die Ihr Hund auch tatsächlich mag.

Futterhäppchen oder Spiele

Leckerlis: Benutzen Sie immer nur Leckerlis, die Ihr Hund wirklich gerne frisst. In der Praxis haben sich kleine, weiche, nicht krümelnde Bröckchen bewährt, die Ihr Hund gut schlucken kann. Ungeeignet sind Häppchen, die zu trocken sind oder die Ihr Hund erst lange kauen muss, denn das unterbricht die Übung. Hat Ihr Hund besonders schwierige Aufgaben gemeistert, geben Sie ihm besonders gute Leckerlis.

Spiele: Auch ein Spiel kann eine attraktive Form der Belohnung darstellen. Doch auch hier heißt es abwägen: Für manche Übungen eignet sich ein Spiel nicht so sehr, weil es die Übung zu lange unterbricht oder weil manche Hunde beim Spielen zu sehr »hochdrehen«. Sie brauchen dann zu lange, um sich wieder zu beruhigen und sich auf den nächsten Übungsdurchlauf zu konzentrieren. Für andere Übungen (Beispiel: Rückruf) dagegen kann ein Spiel sogar eine richtig gute und effektive Belohnung darstellen. Hier ist es nicht so schlimm, wenn Ihr Hund durch das Spiel in Ihrer Nähe richtig aufdreht. Danach können Sie eine kurze Pause machen, damit er sich wieder beruhigt. Erst dann beginnen Sie eine neue Übung oder entlassen ihn zum Schnüffeln.

Wichtig: Ihr Hund sollte entscheiden, welche Art der Belohnung er am tollsten findet. Für ihn kann es auch eine adäquate Belohnung sein, wenn er nach einer »Sitz«-Übung aufstehen und zu anderen Hunden laufen darf.

Das Highlight der Belohnung: der Jackpot

Ein »Jackpot« ist eine besonders schöne oder besonders große Belohnung. Das kann eine ganze Hand voll Leckerlis sein, eine außergewöhnlich leckere Wurst oder eine Runde des Lieblingsspiels. Einen Jackpot geben Sie nur dann, wenn der Hund eine neue Übung zum ersten Mal richtig macht oder eine ganz außerordentlich gute Leistung erbracht hat. Das kann beispielsweise ein wichtiger Trainingsfortschritt sein oder aber der Erfolg, dass Ihr Hund eine schon bekannte Übung trotz starker Ablenkung geschafft hat.

Unterschied »Loben mit der Stimme« und Lobwort

Loben mit der Stimme: Manche Hundebesitzer meinen, es sei bereits Belohnung genug, wenn sie ihren Hund einfach nur per Stimme loben oder mit der Hand über den Kopf streicheln. Ein doppeltes Missverständnis. Denn das Über-den-Kopf-Streicheln empfinden Hunde keineswegs als Belohnung, im Gegenteil (siehe Seite 8). Loben Sie Ihren Hund nur mit netten Worten, bringt ihm dies in der Regel auch recht wenig. Die meisten Menschen reden regelmäßig freundlich mit ihrem vierbeinigen Freund. Für sich allein genommen hat das Loben mit der Stimme daher aus Hundesicht keinen besonders hohen Stellenwert. Ihr Hund bekommt diese Art der Belohnung schließlich oft genug einfach so zu hören. Zudem ist es für Ihren Hund sehr nebulös, wenn Sie einen ganzen Schwall netter Worte auf ihn niederprasseln lassen. Er kann schlichtweg nicht erkennen, welches in den letzten Sekunden gezeigte Verhalten korrekt gewesen ist.

Lobwort: Lobwort oder Klickgeräusch indes teilen dem Hund zeitlich präzise mit, was er wann richtig gemacht hat. Deshalb sollten sie vor allem dann eingesetzt werden, wenn es auf exaktes Timing ankommt. Bei eher dynamischen Übungen, etwa dem Rückruf, ist es dagegen sinnvoll, zusätzlich zur

Futter- oder Spielbelohnung die Stimme als Bestärkung einzusetzen. Mit Ihrer Stimme können Sie ihren bereits rennenden Hund regelrecht anfeuern, schnell zu Ihnen zu kommen.

Belohnung und Lockmittel abbauen

Während Ihr Hund etwas Neues lernt, bestärken Sie Ihn jedes Mal dafür. Diese Bestärkung zeigt ihm, dass er auf dem richtigen Weg ist. Sobald er aber eine Übung zuverlässig ausführt, steigen Sie auf eine variable Belohnung um. Das bedeutet, dass Sie nicht mehr jede Ausführung eines bestimmten Verhaltens belohnen. Als Faustregel gilt: Im Durchschnitt sollten Sie nun nur noch jede dritte richtige Ausführung des gewünschten Verhaltens belohnen. Jedoch ist es wichtig, dabei variabel zu bleiben, also nicht immer genau jedes dritte Mal zu belohnen. Belohnen Sie Ihren Hund manchmal nach

dem ersten, zweiten oder vierten Mal. Kurz gesagt: Es sollte keine Regelmäßigkeit entstehen. Ist ein erlerntes Verhalten gefestigt, müssen Sie es nur noch ab und zu bestärken.

Unerwünscht: selbstbelohnendes Verhalten

Eine Form des Lernens ist das Lernen durch Selbstbelohnung. Das bedeutet, es gibt Tätigkeiten, die Hunde so großartig finden, dass das Durchführen dieser Tätigkeiten alleine schon eine Belohnung für sie darstellt. Zu den Klassikern solcher Tätigkeiten zählt das Jagdverhalten. Jagen ist für Hunde so schön, dass es keiner weiteren Belohnung von außen bedarf. Sie tun es um »seiner selbst« willen. Ein wichtiger Punkt in diesem Zusammenhang ist: Der Hund muss die Beute, der er hinterher jagt, nicht einmal erlegen. Das Hetzen an sich stellt die selbstbelohnende Tätigkeit dar. Beim Hinterherhetzen

Für manche Hunde ist ein Spielzeug die tollste Belohnung. Dieser Collie tobt begeistert mit seinem Spieli.

13

werden Glückshormone freigesetzt. Das gejagte Objekt kann eine potenzielle Beute sein, aber auch ein anderes sich schnell bewegendes Objekt, wie zum Beispiel ein Radfahrer. Das dadurch ausgelöste Glücksgefühl ist gleich groß – so groß, dass es zu einer regelrechten Sucht werden kann. Deshalb müssen Sie ein solches Verhalten von Beginn an unbedingt unterbinden. Dazu dient die Schleppleine als unentbehrliches

Aufmerksamkeit auf beiden Seiten: Die Signale des jeweils anderen zu verstehen, ist die Grundlage jeder guten Beziehung.

Hilfsmittel (siehe Seite 16). Sie verhindert, dass der Hund jeder sich bietenden Gelegenheit – z. B. einem Radfahrer oder Jogger – hinterherhetzt und sich auf die Weise auch noch für unerwünschtes Verhalten selbst belohnt.

Signale als unentbehrliche Hilfsmittel

Wie bereits erwähnt, nehmen Körpersignale den höchsten Stellenwert in der Kommunikation von Hunden ein (siehe Seite 6). Wir wären also schlecht beraten, wenn wir uns diese wertvollen Hilfsmittel beim Training nicht zunutze machen würden. Mit anderen Worten: Verknüpfen Sie Tätigkeiten, die Ihr Hund ausführen soll, mit eindeutigen Signalen. Welche Sie dazu wählen, bleibt Ihnen überlassen. Die hier im Buch vorgestellten Signale, Wortsignale oder Handzeichen verstehen sich immer nur als Vorschläge, die Sie gerne nach Ihren eigenen Vorstellungen abwandeln können.

Ein Signal einführen

Wenn wir Hunden eine neue Übung beibringen, trainieren wir immer erst den Ablauf der Bewegung, die der Hund ausführen soll. Erst wenn dieser Ablauf reibungslos klappt, kommt das Signal hinzu. Dieses Signal kann ein bestimmtes Wort oder etwa ein Handzeichen sein. Da Hunde nicht unsere Sprache sprechen, ist ein neues Signal für den Vierbeiner wie eine Fremdsprache, die er erst erlernen muss – und das ist keineswegs eine einfache Aufgabe.

Zur Verdeutlichung: Stellen Sie sich einmal Folgendes vor: Sie sagen einem Chinesen, der kein Wort Deutsch spricht, dass er sich auf einen Stuhl setzen soll. Selbst wenn Sie pausenlos auf ihn einreden, wird er kaum begreifen, was Sie von ihm wollen. Er wird Sie erst verstehen, wenn Sie Ihre Aufforderung durch zusätzliche Gesten verdeutlichen – indem Sie beispielsweise mit der Hand auf die Sitzfläche zeigen.

14

Fallbeispiel mit Hund: Möchten Sie, dass Ihr Hund das Wort »Sitz« als Signal versteht und sein Hinterteil auf den Boden bewegt, dann müssen Sie ihm erst zeigen, wie die gewünschte Bewegung geht. Dazu halten Sie ein Leckerli so über den Kopf Ihres Hundes, dass er sich von selbst in die richtige Position begibt – sich also setzt –, damit er das Leckerli erreicht. Erst wenn Sie nach vielen Wiederholungen ganz sicher sind, dass Ihr Hund sich hinsetzt, sobald Sie das Leckerli über seinen Kopf halten, führen Sie das Wortsignal »Sitz« ein.

An wechselnden Orten üben

Aus der Verhaltensforschung wissen wir, dass ein Hund den jeweiligen Ort mit der Handlung verknüpft, an dem er diese lernt. Bringen Sie beispielsweise Ihrem Hund »Sitz« auf einer bestimmten Wiese bei, heißt das nicht, dass er die Übung automatisch auch auf einem Waldweg oder auf einer anderen Wiese ausführen kann. Ihr Hund muss erst lernen, dass zum Beispiel das Signal für »Sitz« auch dann »setz dich jetzt hin« bedeutet, wenn er sich an einem anderen Ort befindet. Genauso muss Ihr Vierbeiner lernen, die Übungen unter Ablenkung durchzuführen. Für einen Hund ist es keineswegs dasselbe, ob er sich auf einer einsamen Wiese oder auf einem belebten Spazierweg hinsetzt.

Das Training flexibel gestalten

Für Ihr Training bedeutet dies: Sie müssen die Anforderung herunterschrauben, wenn Sie eine Übung zum ersten Mal an einem neuen Ort durchführen oder wenn Sie beginnen, eine Übung auch unter Ablenkung abzuverlangen. Achten Sie zudem darauf, die unterschiedlichen Ablenkungen von Übungsdurchgang zu Übungsdurchgang ganz allmählich zu steigern. So erhöhen Sie Lernerfolg und -geschwindigkeit Ihres Hundes, ohne ihn dabei zu überfordern.

Auch Tricks wie den Armsprung sollten Sie an verschiedenen Orten üben, um die Signale dafür zu festigen.

Solche Übungen lockern jeden Spaziergang auf. Nutzen Sie die Talente Ihres Hundes, um auch Ungewöhnliches zu üben.

15

Wichtiges Handwerkszeug

Bevor Sie sich mit Ihrem Hund in unsere Gassi-Abenteuer begeben, sollten Sie sich einige nützliche Hilfsmittel zulegen.

Die Schleppleine

Die Schleppleine ist mit der wichtigste Bestandteil unseres Trainings. Sie ist etwa zehn Meter lang, wird aber auf den Spaziergängen anfangs nicht in voller Länge genutzt, sondern im Verlauf der Trainingswochen von Woche zu Woche stückweise verlängert. Sie hat vor allem den Zweck, Ihren Hund von allen selbstbelohnenden Verhaltensweisen (siehe Seite 13) abzuhalten. Ohne entsprechende Erziehung empfindet es Ihr Hund nämlich als unwiderstehliche Belohnung, beispielsweise Joggern, Radfahrern oder Wild hinterherzujagen oder fremde Menschen anzuspringen. An der langen Leine lernt er dagegen, alle von Ihnen unerwünschten Dinge zu unterlassen, einen bestimmten Radius zu seinem Besitzer einzuhalten sowie auf Ihren Zuruf zu kommen. Dies gehört zu den Grundlagen, die ein Hund beherrschen muss. Erst dann darf er Freilauf genießen.

Bitte beachten: Das Training mit der Schleppleine ist nicht ganz frei von Risiken, zumindest wenn Sie einen großen, schweren oder lebhaften Hund haben. Diese Tiere müssen anfangs erst lernen, nicht an der Schleppleine zu zerren oder in sie hineinzulaufen. Deshalb ist es unabdingbar, dass Sie bei der Verwendung der Leine einige Umgangsregeln beachten (siehe auch Trockenübung mit der Schleppleine, Seite 45). So darf die Schleppleine immer nur in Zusammenhang mit einem Brustgeschirr am Hund verwendet werden, um Verletzungen der Halswirbelsäule oder des Kehlkopfes des Hundes vorzubeugen.

Anfangs mit kurzer Leine: Wir empfehlen Ihnen, alle Übungen der ersten Woche und den Übungsbeginn einiger weiterer Grundübungen zunächst an der kurzen Leine zu absolvieren. Dazu eignet sich eine verstellbare 1,5 bis 2 Meter lange Leine,

die Sie am besten zusammen mit einem breiten, weichen Hundehalsband (siehe Seite 18) verwenden. Die kurze Leine hat mehrere Vorteile: 1. Ihr Hund bleibt in Ihrer unmittelbaren Nähe. Er wird weniger von seiner Umwelt abgelenkt und schenkt Ihnen bzw. den Übungen automatisch mehr Aufmerksamkeit. 2. Sie selbst kommen nicht so schnell in Verwicklungen mit dem langen Seil. 3. Das Brustgeschirr kann für das Antrainieren der Grundübungen in der Anfangsphase unpraktisch sein, da der Leinenansatz meist relativ weit hinten ist und sich die Leine dabei um die Hundebrust wickeln kann. 4. Der Hund verknüpft schnell: »Leine ins Halsband gehängt bedeutet, mein Mensch macht jetzt Übungen mit mir. Da lohnt es sich, aufmerksam zu sein, weil ich mir Futter verdienen kann.«

Prinzipiell können Sie die Schleppleine natürlich einfach nur kurz halten. Doch dies hat sich in der Praxis nicht so gut bewährt, da das aufgewickelte Seil bei den Übungen (Bewegungen) stört. Der spätere Umgang mit dem langen Seil erfordert tatsächlich ein wenig Routine, die Sie sich aber während des Sechs-Wochen-Intensivtrainings leicht aneignen.

Der richtige Umgang: Bitte passen Sie die Handhabung der Schleppleine an Ihren Hund an, je nachdem, welcher Rasse er angehört und welches Temperament er hat.

▶ Große oder lebhafte Hunde: Halten Sie die Leine zunächst auf einer Länge von 1,5 bis 2 Metern. Über die sechs Trainingswochen hinweg verlängern Sie sie, bis Sie schließlich bei zehn Meter Länge angelangt sind. Hätte der Hund von Anfang an die gesamte Leinenlänge zur Verfügung, bestünde die Gefahr, dass er mit der großen Wucht des Anlaufs in die volle Länge der Leine liefe. Gerade stattliche Hunde können Sie in diesem Fall unter Umständen nicht mehr festhalten. Sobald Ihr Hund gelernt hat, einen bestimmten Radius einzuhalten, lassen Sie die Leine immer öfter auf dem Boden schleifen. So können Sie bei Bedarf immer noch schnell auf sie treten oder sie hochnehmen,

Die Schleppleine sollte weder zu dünn noch zu rutschig sein. Zum Schutz der Hände empfehlen wir Fahrradhandschuhe.

Eine geräumige Bauchtasche ist ein nützlicher Helfer, um Schleppleine und Spielzeug unterzubringen. So bleiben Ihre Hände frei.

wenn es die Situation erfordert. Anfangs lassen Sie die Leine nur auf übersichtlichen Wegen mit wenig Ablenkung am Boden schleifen. Sobald der Weg eine Kurve macht, eine Kreuzung in Sichtweite kommt oder es unübersichtlich wird, nehmen Sie die Leine zur Absicherung in die Hand. Mit fortschreitendem Übungserfolg gibt es später immer weniger Situationen, in denen Sie den Hund über die Leine absichern müssen. Wenn Sie dann die Leine über einen längeren Zeitraum überhaupt nicht mehr gebraucht haben, wird sie nach und nach »ausgeschlichen«, das heißt, sie wird allmählich abgebaut. Das funktioniert so, dass Sie die Schleppleine pro Woche um einen Meter kürzen (abschneiden). Sie wird dadurch wöchentlich ein wenig leichter. Der Hund hat trotzdem noch das Gefühl an der Schleppleine und damit unter Ihrer Kontrolle zu sein.

▶ Kleine, nicht zerrende Hunde: Ist Ihr Vierbeiner eher zierlich, so können Sie ihm an einer längeren Leine mehr Freiraum einräumen. Das Gleiche gilt für Tiere, die von sich aus nicht an der Leine ziehen oder nie in ein Leinenende hineinlaufen würden.
▶ Gut erzogene Hunde: Wollen Sie mithilfe unseres Sechs-Wochen-Intensivtrainings nur bestimmte Übungen auffrischen, so können Sie die Schleppleine unter Umständen schon von Beginn an auf dem Boden schleifen lassen und sie nur bei Bedarf aufnehmen.

Faustregeln für die Leinenlänge: Das folgende Schema soll Ihnen einen ungefähren Anhaltspunkt dafür geben, wie Sie bei der Verlängerung der Schleppleine am besten vorgehen:
▶ 1.–2. Woche: Kürzen Sie die Schleppleine auf eine Länge von 1,5 bis 2 Metern. Den Rest halten Sie aufgewickelt in der Hand.

Zieht Ihr Hund an der Leine, bleiben Sie stehen und gehen erst weiter, wenn sich die Leine wieder entspannt hat.

▶ 2.–3. Woche: Halten Sie die Schleppleine auf einer Länge von zwei bis vier Metern. Der Rest der Leine kann auf dem Boden hinter Ihnen herschleifen. Auch jetzt bleiben Sie stehen, wenn der Hund in das Leinenende läuft oder zieht.

▶ 3.–4. Woche: Sie können die Leine auf einer Länge von fünf bis sechs Metern halten. Dabei ist es auf jeden Fall praktisch und ratsam, den Rest hinter sich am Boden schleifen zu lassen.

▶ 4.–5. Woche: Die Leine ist zehn Meter lang; Sie halten das Ende noch in der Hand. In übersichtlichen Situationen und je nach Trainingsstand des Hundes können Sie die Leine zeitweise loslassen und komplett auf dem Boden schleifen lassen.

▶ 5.–6. Woche: Lassen Sie die Leine fast durchgängig am Boden schleifen. Voraussetzung dafür ist, dass das Training den gewünschten Erfolg gebracht und Ihr Hund das unerwünschte Verhalten abgelegt hat. Wenn Sie Ihren Hund trotzdem einmal unter Kontrolle bringen müssen, können Sie die Leine immer noch schnell aufnehmen oder mit dem Fuß auf sie treten.

▶ Nach der 6. Woche: Wenn Sie über einen Zeitraum von weiteren sechs Wochen die Schleppleine nicht mehr aufnehmen oder den Fuß auf die Leine stellen mussten, können Sie damit beginnen, die Leine Meter für Meter abzuschneiden.

Das Halsband

Benutzen Sie immer ein der Größe Ihres Hundes angepasstes Halsband. Als Faustregel gilt: Es sollte mindestens zwei Halswirbel breit sein. Wählen Sie als Material weiches Leder oder weichen, aber stabilen Stoff. Bitte verwenden Sie niemals Glieder- oder Kettenhalsbänder. Diese bergen die große Gefahr, die Halswirbelsäule und den Kehlkopf Ihres Hundes zu verletzten. Ebenfalls sollten sämtliche Halsbänder tabu sein, die würgen, also den Hals des Hundes zuschnüren. Neben der erwähnten Verletzung der Halswirbelsäule können Würgehalsbänder zu extremen Verhaltensproblemen führen, etwa aggressivem Verhalten an der Leine. Besitzen Sie einen kräftigen oder stark an der Leine ziehenden Hund, empfehlen wir ein sogenanntes Kopfhalfter für Hunde. Gewöhnen Sie Ihren Hund Schritt für Schritt an ein Kopfhalter. Am besten lassen Sie sich die richtige Benutzung in einer guten Hundeschule zeigen.

Das Brustgeschirr

Für das Schleppleinentraining benötigt Ihr Hund ein gut sitzendes Brustgeschirr. Es gibt verschiedene Modelle unterschiedlicher Machart. So haben etwa die Norwegergeschirre einen Steg, der quer über die Brust des Hundes führt. Andere Geschirre verlaufen mit einem Steg zwischen den Vorderbeinen entlang. Der Ansatzpunkt für die Leine ist bei manchen Modellen weiter vorne, bei anderen weiter hinten. Verwenden Sie auf jeden Fall ein Geschirr, mit dem Ihr Hund sich wohl fühlt. Außerdem sollte Ihnen das An- und Ausziehen des Geschirrs leicht fallen. Lassen Sie sich im Zweifel im Fachhandel beraten.

Der Futterbeutel

Ein Futterbeutel ist extrem praktisch für das gesamte Training. Zum einen haben Sie nicht die Krümel der Leckerlis in den Hosen- oder Jackentaschen, zum anderen können Sie so schneller auf die Futterbröckchen zugreifen. Ein Futterbeutel lässt sich außerdem bequem außen an der Hose oder an einem Gürtel befestigen. Müssen Sie die Belohnungshäppchen erst umständlich aus einer engen Hosentasche kramen, sorgt dies stets für unnötige Unterbrechungen des Trainings.

Die richtigen Leckerlis

Sie sollten darauf achten, dass die Leckerlis nicht zu groß oder zu hart sind. Wenn Ihr Hund ewig kauen muss, ist die nächste

Beutemäppchen, Ball mit Schnur oder Wurf-Dummy garantieren Abwechslung und Spaß auf Ihren Trainingsspaziergängen.

Ersparen Sie sich umständliches Suchen und Krümel in der Tasche, indem Sie Leckerlis im Futterbeutel aufbewahren.

ungewollte Trainingspause programmiert. Überdies empfinden die meisten Hunde weiche und feuchte Bröckchen, wie z. B. Hühnerfleisch, im Vergleich zu trockenen Hundekeksen als wesentlich leckerer. Vergessen Sie nicht: Nur wenn die Belohnung stimmt, können Sie Ihren Hund richtig motivieren.

Geeignetes Spielzeug

Hundespielzeug sollte nicht zu klein sein, allein um der Gefahr vorzubeugen, dass Ihr Hund das Spielzeug verschluckt. Idealerweise sollte dieses zusätzlich mit einer Schnur versehen sein. So können Sie das Spielzeug besser aufnehmen, etwa um dem Hund einen Ball zuzuwerfen. Gerade Bälle werden durch den Hundespeichel oft sehr unangenehm glitschig. Bitte achten Sie stets darauf, dass das Spielzeug keine harten Kanten oder raue Oberflächen aufweist, damit sich der Hund nicht im Fang verletzt oder seine Zähne beschädigt.

Die Hundepfeife

Wir empfehlen eine normale Hundepfeife aus Horn oder Plastik. Je nachdem, welche Signale Sie Ihrem Hund damit beibringen möchten, empfiehlt sich ein Ein- oder Zwei-Ton-Modell.
Tipp: Geben Sie Ihrem Hund immer ein Leckerli, wenn irgendwoher ein Pfiff ertönt. Ihr Hund lernt so, bei jedem Pfiff, den er hört, zu Ihnen zu kommen, denn er weiß: »Egal, wer pfeift und aus welcher Richtung der Pfiff kommt: Ich laufe zu meinem Frauchen/Herrchen und erhalte eine tolle Belohnung.« Auf diese Weise beugen Sie der Gefahr vor, dass Ihr Hund zu einem anderen Menschen rennt, der ebenso eine Pfeife benutzt.

Spaziergänge mit dem Welpen

Geht es Ihnen auch so, dass Sie sich an Ihrem neuen Mitbewohner gar nicht satt sehen können? Doch egal, wie putzig und tapsig er wirkt: Beginnen Sie mit seiner Erziehung an dem Tag, an dem er bei Ihnen einzieht. Nur so lernt er von Anfang an.

Der erste gemeinsame Ausflug

Gönnen Sie Ihrem neuen Familienmitglied einige Tage, um sich bei Ihnen einzuleben. Vorerst genügt es völlig, wenn der Welpe sich nur im Haus und im Garten aufhält. So kann er sein neues Heim in Ruhe erkunden und mit seiner Familie vertraut werden. Nachdem sich Ihr kleiner Welpe einige Tage bei Ihnen eingewöhnt und Sie als seine neue Bezugsperson kennengelernt hat, ist es endlich soweit: Sie unternehmen die ersten gemeinsamen Ausflüge. Für diese gelten allerdings einige besondere Regeln.

Machen Sie keine (zu) langen Spaziergänge

Solange sich Ihr Welpe noch im Wachstum befindet, darf er keine langen Spaziergänge machen. Warum? Während des Heranwachsens sind Knochen, Gelenke und Bänder noch nicht so belastbar wie bei einem erwachsenen Hund. Zu lange Spaziergänge schaden aus diesem Grund der Gesundheit. Den Welpen nun aber aus lauter Vorsicht zu einem Stubenhocker-Dasein zu verdonnern, wäre genauso falsch. Passen Sie daher die Dauer des Spaziergangs unbedingt dem jeweiligen Alter des Welpen an.

Das richtige Maß beachten: Sicher werden Sie sich jetzt fragen: Wie lang darf ich denn spazieren gehen, ohne meinen kleinen Hund zu überfordern oder ihm gar zu schaden? Es kommt, wie so oft, auf das richtige Maß an. Bei einem acht Wochen alten Welpen reicht beispielsweise ein Spaziergang von zehn Minuten völlig aus. Vergessen Sie zudem nicht: In

Folgt Ihr Welpe Ihnen bereitwillig, benötigen Sie bei sehr jungen Welpen meist noch keine Schleppleine.

diesem Alter ist für Ihren jungen Welpen jeder Spaziergang ein Abenteuer, bei dem unzählige neue Eindrücke auf ihn einprasseln. Und die wollen erst einmal verarbeitet werden. Zur Ihrer Orientierung haben wir eine Tabelle zusammengestellt (siehe unten rechts). Dieser entnehmen Sie, welche Spaziergangdauer wir für Welpen, junge und erwachsene Hunde empfehlen. Beachten Sie dabei auch die Individualität und Rassenzugehörigkeit Ihres Hundes.

Wichtig: Bei Welpen besonders großer oder schwerer Rassen mit extremem Wachstum gilt es, die Spaziergänge noch kürzer zu gestalten. Zu diesen Rassen zählen etwa Doggen, Leonberger, Mastiffs, Neufundländer, Berner Sennenhunde oder Deutsche Schäferhunde. Bitte lassen Sie sich bei diesen Rassen zusätzlich von Ihrem Tierarzt beraten.

Gehen Sie lieber mehrmals am Tag

Bei Welpen, die sehr leicht »hochdrehen« oder draußen sehr aufgeregt sind, ist es empfehlenswert, lieber mehrmals täglich einen kurzen Spaziergang zu unternehmen als einmal einen zu langen. Dieser könnte Ihren Welpen unter Umständen überfordern. Bedenken Sie, dass Ihr Hund auch stubenrein werden soll. Dazu muss er die Gelegenheit haben, sich mindestens alle zwei Stunden (bei manchen Welpen auch jede Stunde) zu lösen. Außerdem sollten Sie mit ihm sofort nach dem Schlafen, nach dem Fressen und nach einem intensiven Spiel nach draußen gehen, um ihm die Möglichkeit zum Lösen zu geben. Anfangs reicht dazu noch der Garten. Dort gibt es weniger Ablenkung als auf einem Spazierweg. Falls Sie keinen eigenen Garten besitzen, achten Sie bitte darauf, dass der ausgewählte Löseplatz trotzdem schnell erreichbar ist. Denn ähnlich einem Kleinkind können Welpen Darm und Blase noch nicht kontrollieren. Zusätzlich zu diesen Gelegenheiten können Sie dann mit den ersten Spaziergängen beginnen.

Tipp: Führen Sie als groben Orientierungswert anfangs zwei, ab der 14. Lebenswoche drei kurze Spaziergänge pro Tag durch.

Starten Sie nicht von zu Hause aus

Beginnen Sie Ihren Spaziergang möglichst immer in unbekanntem Gelände. So beugen Sie der Gefahr vor, dass der Welpe von alleine nach Hause läuft, weil er sich dort am sichersten fühlt. Viele Welpen verlassen aus diesem Grund auch nur ungern ihr Zuhause – zumindest am Anfang. Ein weiterer Vorteil, wenn Sie den Spaziergang in einer fremden Umgebung starten: Sie werden als vertraute Person noch wichtiger für Ihren Welpen, und er wird sich deshalb bereitwilliger an Ihnen orientieren. Gleichzeitig gewöhnen Sie den kleinen Hund langsam ans Autofahren, wenn Ihr Spaziergang nicht direkt vor der Haustür beginnt.

Quatsch!

TIPP

Gassigänge je nach Alter

Bitte passen sie die Länge des Spaziergangs dem Alter Ihres Hundes an.

Welpenalter	Zeitliche Dauer
8 Wochen	10 Minuten
12 Wochen	20 Minuten
16 Wochen	30 Minuten
5 Monate	40 Minuten
7 Monate	50 Minuten
9 Monate	60 Minuten
1 Jahr	1 Stunde und mehr

Sorgen Sie für Abwechslung

Bieten Sie Ihrem Welpen auf den Spaziergängen Abwechslung, indem Sie von Zeit zu Zeit unterschiedliches Gelände aufsuchen. So lernt der Welpe verschiedene Umgebungen kennen – mal einen Wald, mal ein Feld, mal einen Weg mit Bach. Durch die kurzen Wegstrecken, die Sie für den Welpenspaziergang benötigen, bieten sich Ihnen viele Möglichkeiten, immer wieder neue Gegenden zu erkunden.

Gewöhnen Sie den Welpen an die Umwelt

Für Ihren Welpen ist zu Beginn alles unbekanntes Neuland. Er muss sich nicht nur an unterschiedliche Örtlichkeiten in der Natur gewöhnen. Vielmehr gilt es, ihn mit seiner gesamten Umwelt und mit unterschiedlichsten Menschen vertraut zu machen. Beginnen Sie damit, direkt nachdem Sie Ihren Vierbeiner vom Züchter abgeholt haben. Denn alles, was Ihr Welpe zwischen der 8. und der 16. Lebenswoche kennenlernt, wird ihm im späteren Leben keine Angst bereiten. Dazu gehören der Straßenverkehr ebenso wie der Besuch von Einkaufszentren, Zoos oder Wildparks. So schaffen Sie die Voraussetzung, damit Ihr kleiner Welpe zu einem umgänglichen Familienhund heranwächst – ein Hund, mit dem Sie später überall gerne gesehen sind, da er gelernt hat, sich auch in der Öffentlichkeit gut zu benehmen.

Üben Sie von Anfang an

Nutzen Sie bereits die ersten kleinen Ausflüge, um mit dem Welpen einfache Übungen zu machen.

Rückrufsignal: Dieses ist am wichtigsten, und Sie sollten es mit Ihrem Hund unbedingt von Anfang an trainieren – mit der Stimme, der Pfeife oder mit beidem. Profitieren Sie dabei von der natürlichen Veranlagung des Welpen, seinem Sozialpartner zu folgen. Welpen »wissen« bis zu einem gewissen Alter instinktiv, dass sie draußen alleine verloren wären. Daher haben sie das Bestreben, dem Menschen zu folgen. Dies setzt allerdings voraus, dass der Welpe schon in den ersten Lebenswochen gut auf den Menschen sozialisiert wurde.

Viele Hundehalter verpassen diese wichtige Zeit, um ein sicheres Rückrufsignal einzuüben. Sie denken, der Welpe folgt ihnen sowieso und kommt, sobald sie ihn locken. Ein Trugschluss! Die Folgebereitschaft des Welpen lässt mit zunehmenden Lebenswochen nach, denn der Welpe wird selbstständiger. Haben Sie bis dahin noch kein sicheres Rückrufsignal aufgebaut, wird es nun mit jeder weiteren Woche immer schwieriger. Oft bedarf es dann schon der Schleppleine als Hilfsmittel – sei es, um den Welpen daran zu hindern, sich zu weit zu entfernen, oder um zu vermeiden, dass er ohne Erlaubnis auf andere Menschen zuläuft.

Grundübung: Ebenso können Sie bereits andere wichtige Signale des Alltags beim kurzen Gassigehen trainieren. Zu diesen zählen etwa »Sitz«, »Platz«, das Abbruchsignal, »bei Fuß gehen« oder »an der Seite gehen« sowie die wichtige Übung »Raus da«. Bitte überfordern Sie Ihren Welpen aber nicht mit den Übungen und beachten Sie die von uns empfohlene Dauer des Spaziergangs je nach Alter.

Verwenden Sie bei Bedarf die Schleppleine

In Gegenden, in denen keine unmittelbaren Gefahren drohen, brauchen Sie für einen Welpen von der achten bis zwölften Lebenswoche in der Regel keine Schleppleine. Die meisten Welpen zeigen in diesem Alter noch die beschriebene Folgebereitschaft ihrem Menschen gegenüber. Mitunter gibt es aber auch schon unter sehr jungen Welpen ausgesprochen selbstständige Exemplare. Diese neigen dazu, sich zu weit von ihrem Menschen zu entfernen oder zu jedem entgegenkommenden Spaziergänger zu laufen. Manche fangen zudem frühzeitig an, Joggern oder Radfahrern hinterherzujagen. Andere rennen spontan zu jedem fremden Hund, von denen nicht alle Welpen gegenüber freundlich gesonnen sind. Solche Welpen sollten stets mit Brustgeschirr an einer dünnen Schleppleine laufen. Entweder halten Sie dabei das Ende in der Hand oder es schleift auf dem Boden hinter dem Welpen her – je nachdem, wie übersichtlich die Gegend und wie schnell der Welpe bereits unterwegs ist. Verwenden Sie für Welpen bitte nur leichte und relativ dünne Leinen.

Für besonders ängstliche Welpen empfehlen wir, diese grundsätzlich mit einer dünnen Leine zu sichern, gleiches gilt für Welpen, die dazu neigen, sich leicht zu erschrecken Je weniger der Welpe die Schnur bemerkt, umso besser. Gerät er in Panik, können Sie ihn auf diese Weise trotzdem sofort sichern. So lernt er im Lauf der Zeit, nicht kopflos in die falsche Richtung zu rennen. Außerdem prägt er sich ein, bei einer vermeintlichen Gefahr bei Ihnen Schutz zu suchen – etwa wenn große Hunde stürmisch auf ihn zu rennen.

Hunde, die Sie im fortgeschrittenen Welpen- oder im Junghundealter (ab der 16. Woche) übernehmen, sollten Sie von Beginn an mit einer Schleppleine absichern. So beugen Sie Problemverhalten vor.

Tipp Machen Sie sich draußen für den Welpen interessant. Nehmen Sie immer Spielzeug auf Ihre Ausflüge mit. Sobald sich die Gelegenheit bietet, spielen Sie mit Ihrem Welpen mit einem Ball oder einem anderen Spielzeug. Durch das gemeinsame Spiel mit Ihnen bildet sich Vertrauen und Sie können Ihrem Welpen von klein auf beibringen, dass es Spaß macht, etwas mit seinem Menschen zu unternehmen.

Für Hunde sind soziale Kontakte auf dem Spaziergang genauso wichtig wie die Gewöhnung an die Umwelt.

23

Gassigehen – aber richtig

Hunde sehen die Welt mit anderen Augen als wir Menschen. Dies gilt nicht nur für die bereits beschriebenen Unterschiede in der Körpersprache. Auch von einem Spaziergang in der Natur haben unsere vierbeinigen Freunde ganz andere Vorstellungen als wir.

Der Weg zum entspannten Spaziergang

Wenn Sie mit Ihrem Hund spazieren gehen, möchten Sie sich in der Natur erholen und den Stress des Alltags vergessen. Sie möchten Ihren Gedanken nachhängen, die Landschaft genießen und sich dabei an einem verlässlichen Hund erfreuen. Ihr Hund sollte sofort kommen, wenn Sie ihn rufen, keine Jogger oder Radfahrer jagen, keine anderen Menschen oder Hunde belästigen, keine Kaninchen ausgraben und auch nicht im Gebüsch nach Unrat suchen. Das scheint ganz schön viel verlangt, und es ist für Ihren Hund auch keineswegs selbstverständlich – ist er doch ein Nachfahre der Wölfe.

Das wölfische Erbe

Selbst Familienhunde tragen das Beutemachen noch in den Genen. Mehr noch: Hunde wurden jahrhundertelang dazu gezüchtet, dem Menschen bei der Jagd zu helfen. Viele Hunde würden auf einem Spaziergang deshalb lieber ihrer angeborenen Jagdlust nachgehen, als auf ihren Menschen zu achten. Aspekte, wie etwa die Schönheit der Landschaft, sind ihnen dabei ziemlich egal. Hunde finden es spannend, Wild-

spuren zu suchen und zu verfolgen, Hasen zu jagen, Mäuse auszubuddeln oder im Gebüsch nach Fressbarem zu stöbern. Also selten das, was sich Menschen unter einem solchen Spaziergang vorstellen. Auch das starke Interesse an beweglichen Objekten rührt letztlich daher. Wird aber diese Vorliebe nicht in die richtigen Bahnen gelenkt, kann genau das zu Problemen führen, denn hinter Joggern und Radfahrern herzuhetzen beruht auf dem immer noch starken Interesse von Hunden an flüchtenden Beutetieren. Eine Eigenschaft, die sehr viele Rassen und deren Mischlinge in sich tragen – sogar Hütehunde. So ist das Hüten von Schafen im Prinzip nichts anderes als abgewandeltes Jagdverhalten.

Würden Sie Ihren Hund auf dem Spaziergang machen lassen, was er wollte, würde er sich auf seine Art und Weise beschäftigen. Hat sich Ihr vierbeiniger Freund aber erst einmal die eine oder andere Unart angeeignet, ist es meist sehr schwer, ihm diese wieder abzugewöhnen. Oft entstehen dann sehr schnell Probleme mit anderen Menschen, denn schließlich sind Sie nicht allein in Wald und Flur unterwegs.

Alternative Beschäftigungen aufzeigen

Durch die intensive Nutzung der Natur von allen möglichen Interessengruppen müssen Hunde heutzutage immer stärker kontrollierbar sein. Nur so können Sie ansonsten programmiertem Ärger aus dem Weg gehen. Was bedeutet dies aber für Ihren Spaziergang mit dem Hund? Ganz einfach: Zeigen Sie ihrem Hund, was er machen darf. Beschäftigen Sie ihn mit Übungen, die ihm Spaß bereiten und ihn geistig und körperlich besser auslasten. Sparen Sie Zeit, indem Sie auf dem täglichen Gassigang üben. Den braucht Ihr Hund sowieso, um sein Laufbedürfnis zu befriedigen. Gleichzeitig stärken Sie durch die Beschäftigung mit ihm die Bindung zwischen Ihnen und Ihrem Hund – und ganz nebenbei bringen Sie ihm eine Menge praktischer Signale und Verhaltensweisen bei.

Nicht nur auf die Hundewiese

Es ist leider keine Lösung, einfach mit Ihrem Vierbeiner auf eine Hundewiese zu gehen und ihn dort mit Artgenossen spielen zu lassen. Natürlich ist ausreichend Kontakt mit Artgenossen sehr wichtig für das Wohlbefinden Ihres Hundes, aber es ist keine Alternative zu den gemeinsamen Gassigängen. Wenn Sie Ihren Hund hauptsächlich oder ausschließlich auf eingezäunten Hundeausläufen spielen lassen, lernt er nicht, sich auf dem Spaziergang zu benehmen, dabei auf Sie zu achten oder Ihre Signale zu befolgen. Auf der Hundewiese sind nämlich seine Artgenossen wichtig. Mit diesen hat Ihr Hund Spaß. Sie als Besitzer sind dann höchstens derjenige, der den Spaß beendet, sobald Sie die Leine auspacken und Ihren Hund wieder mit nach Hause nehmen.

Auch Sie werden belohnt!

Sich zu benehmen, ohne jemanden zu belästigen oder zu gefährden, lernt Ihr Hund am besten auf dem täglichen Spaziergang, wenn Sie diesen als Trainingszeit nutzen. Ein so ausgebildeter Hund ist wirklich alltagstauglich. Sie können ihm selbst in unserem dicht besiedeltem Lebensraum viel Freiraum geben, weil er gelernt hat, »zu hören« und damit jederzeit kontrollierbar ist. Auch Sie profitieren vom konsequenten Üben, denn im Lauf der Zeit wird es Sie selbst auch nicht mehr anstrengen. Mussten Sie sich anfangs noch konzentrieren, gehen Ihnen bald viele Dinge automatisch von

der Hand – etwa den Hund zu belohnen, wenn er Blickkontakt zu Ihnen aufnimmt. Die Belohnung für Sie ist ein gut erzogener Hund mit dem Sie überall gerne gesehen sind und mit dem es viel Spaß macht, täglich unterwegs zu sein.

Starten Sie das Abenteuer: Wie Sie schnell und sicher zum Erfolg kommen, zeigen Ihnen unsere folgenden Trainingsspaziergänge. Am besten Sie fangen gleich an. Viel Spaß!

Etwas hat die Aufmerksamkeit des Hundes erregt. Sichern Sie ihn mit der Leine ab, bis der Rückruf zuverlässig klappt.

25

Der Sechs-Wochen- Intensivtrainingsplan

Ab heute verändern sich Ihre Spaziergänge: Woche für Woche erwarten Sie und Ihren Hund vier neue Übungen, die Sie gemeinsam auf dem Gassi-Spaziergang trainieren. Mehr noch: Beginnend mit der zweiten Woche finden Sie jeweils unter der Rubrik »Wiederholungen«, wie Sie die Übungen der vorangegangenen Wochen sinnvoll vertiefen können. Alle Übungen müssen über die gesamten sechs Trainingswochen wiederholt, gefestigt und erweitert werden, damit sie zuverlässig klappen. Wie das geht, erfahren Sie auf den folgenden Seiten – mit genauen Schritt-für-Schritt-Anleitungen und vielen nützlichen Tipps.

Wichtige Vorüberlegungen

Nun geht es also los. Sie haben Ihren Hund mit einem passenden Brustgeschirr sowie einer Schleppleine ausgestattet und sind bereit für die erste Trainingseinheit. Geben Sie Ihrem Vierbeiner zunächst Zeit, sich an die Schleppleine zu gewöhnen. Dazu halten Sie diese auf etwa 1,5 bis 2 Meter Länge und beginnen den Spaziergang.

Tipp: Bei einer Leinenlänge bis zu zwei Metern können Sie ein Halsband verwenden. Die längeren Leinen ab der zweiten Trainingswoche hängen Sie bitte immer in ein Brustgeschirr ein. So beugen Sie der Verletzungsgefahr vor, wenn Ihr Hund auf dem Spaziergang doch einmal in die Leine läuft.

Bekannte Wege gehen

Wählen Sie in der ersten Woche am besten Spazierwege, die Ihrem Hund bereits vertraut sind. In Gelände, das sie noch nicht kennen, sind Hunde meist aufgeregter und lassen sich von den vielfältigen Eindrücken der neuen Umgebung leichter ablenken – das schadet aber der Konzentration.

Ausreichend Zeit zum Schnüffeln

Zu Beginn Ihres Spaziergangs darf sich Ihr Hund »frei« im Radius der Schleppleine bewegen. Verlangen Sie in den ersten zehn Minuten noch keine Übung von ihm. Er soll zunächst nach Herzenslust schnuppern und sich lösen können. Sie lassen ihn also zunächst »sein Ding« machen und folgen ihm auf seiner Schnuppertour. Die einzigen beiden Regeln, die Ihr Hund jetzt wie auch in Zukunft beachten muss: Er darf beim Schnuppern nicht den Weg verlassen – davon halten Sie ihn mit der Schleppleine ab. Und ebenso wenig darf er in die Leine hineinrennen oder zu stark an dieser ziehen.

Neigt Ihr Hund zu dieser Unart, bleiben Sie einfach stehen und warten, bis die Leine wieder locker durchhängt. Erst dann setzen Sie Ihren Spaziergang fort.

Das Training beginnt

Kommen Sie nach 10 bis 15 Minuten an einer abseits gelegenen Wiese oder einem anderen ruhigen Ort vorbei, nutzen Sie die Gelegenheit für die erste Übung. Sollte sich ein Baum mit einer niedrigen Astgabel in der Nähe befinden, können Sie dort Ihren Leckerlivorrat – für den Hund unerreichbar – ablegen. Beginnen Sie nun als Erstes, das Lobwort oder den Clicker zu konditionieren, so wie ab Seite 28 beschrieben.

Pausen nicht vergessen: Nachdem Sie zehn Leckerli verfüttert haben, setzen Sie Ihren Spaziergang fort. Nun erhält Ihr Hund wieder Gelegenheit, ausgiebig zu schnüffeln und seine Konzentrationsfähigkeit wiederzuerlangen. Nach einer Pause von etwa zehn Minuten nutzen Sie die nächste sich bietende Gelegenheit (Lichtung, Wiese), um die Übung mit wiederum zehn Leckerlis fortzusetzen.

Sollten Sie in einer Gegend ohne Wiesen oder Lichtungen unterwegs sein, können Sie auch eine Bank oder einen Feldweg zum Üben nutzen. Das Training funktioniert ebenfalls gut, wenn Sie sich einfach an den Wegrand stellen und die Leckerli für das Lobwort oder den Clicker direkt aus dem Leckerlibeutel verfüttern. Anschließend setzen Sie ihren Spaziergang fort.

Tipp: Ist Ihr Hund nicht an Ihren Leckerlis interessiert, probieren Sie einmal besonders attraktive Leckerlis aus. Gut geeignet ist beispielsweise gekochtes Putenfleisch. Dies kann hervorragend in kleine Würfel geschnitten werden. Auch magerer Käse kommt bei vielen Hunden sehr gut an.

Das Programm für die 1. Woche

Gleich zu Beginn des Sechs-Wochen-Trainings bringen Sie Ihrem Hund das Lobwort bei. Diese wichtige Übung ist die Basis für alle folgenden Trainingseinheiten, denn nur wenn Ihr Hund das Lobwort kennt, verbindet er eine Handlung mit der Belohnung. Diese besteht entweder aus einem Leckerli oder einem tollen Spiel. Nur so wird er motiviert sein, mit Ihnen auch schwierigere Übungen in den folgenden Wochen anzugehen.

1. Die Konditionierung des Lobworts

Ziel: Mit dem Lobwort oder dem Klick vom Clicker teilen Sie Ihrem Hund bei allen Übungen präzise mit, in welchem Moment er etwas richtig gemacht hat.

Zweck: Die Lerntheorie hat aufgezeigt, wie wichtig das richtige Timing (engl. für »zeitliche Koordinierung«) in der Ausbildung aller Lebewesen ist, Hunde eingeschlossen. Timing bedeutet, etwas exakt zum richtigen Zeitpunkt tun – oder hier: genau zum richtigen Zeitpunkt belohnen.

Signale: Wählen Sie als Wortsignal ein möglichst kurzes, prägnantes Wort. Geeignet sind Begriffe, die Sie im täglichen Sprachgebrauch und im Umgang mit Ihrem Hund nur selten oder nie benutzen. Zudem sollte der Hund das Wort noch nicht kennen. In der Praxis bewährt haben sich beispielsweise Begriffe wie »Super«, »Bingo«, »Klasse«, »Gut«, »Top«, »Yes«, »Fein«, »Spitze« und eventuell »Good-dog«.

Die Vorzüge von Lobwort oder Clicker

Die Verwendung eines Lobworts oder Clickers hat im Wesentlichen zwei Vorteile: Zum einen müssen Sie nicht ständig ein Leckerli in Ihrer Hand bereithalten. Dies erleichtert das Üben wesentlich, denn für Hunde ist das Häppchen sehr verführerisch und lenkt sie von der eigentlichen Übung ab. Zum anderen können Sie mithilfe des Lobworts oder Clickers ein Verhalten des Hundes bestärken, das dieser in einiger Entfernung von Ihnen zeigt. Sie sagen das Lobwort beispielsweise, wenn er beim »Sitz« auf Entfernung (siehe Seite 80) mit dem Hinterteil den Boden berührt. Anschließend gehen Sie zu Ihrem Hund hin, um ihm seine Belohnung zu geben. Hat Ihr Hund die Verbindung zwischen dem Lobwort und dem Erhalt des Leckerlis einmal hergestellt, ist es nicht mehr bedeutsam, ob er unmittelbar nach dem Lobwort das Leckerli bekommt oder erst etwas später. Das Lobwort ist quasi Ihr Versprechen, dass ein Leckerli folgen wird.

Später, nachdem Ihr Hund das Lobwort erlernt hat, bekommt er die Belohnung nicht mehr sofort, wenn er etwas richtig gemacht hat. Vielmehr markieren Sie das gewünschte Verhalten zunächst mit dem Lobwort oder dem Klick des Clickers. Auf diese Weise werden das Lobwort oder der Klick für den Hund zur Ankündigung, dass eine Belohnung folgt. Der Hund muss dazu allerdings erst den Zusammenhang zwischen dem Lobwort und dem darauf folgenden Leckerli erlernen. Damit er die Verknüpfung zwischen zwei Dingen herstellen kann, muss er die Bestärkung (das Leckerli) im Idealfall binnen einer halben Sekunde nach dem zu verknüpfenden Wort oder Geräusch erhalten. Wie dies funktioniert, erklären wir hier detailliert für das Lobwort. Bei der Konditionierung des Clickers können Sie entsprechend verfahren.

Der Clicker als Alternative

Statt mit einem Lobwort können Sie das korrekte Verhalten Ihres Hundes auch mit dem Klick des Clickers markieren. Sie nutzen in diesem Fall ein Geräusch, um Ihrem Hund mitzuteilen, dass er genau in dieser Sekunde das Richtige getan hat. **Der Vorteil:** Der Gebrauch eines Clickers hat den großen Vorteil, dass er ein neutrales Geräusch erzeugt, das im Alltag Ihres Hundes ansonsten nicht vorkommt. Daher fällt es Hunden in der Regel leichter, einen solchen Laut aus der Geräuschkulisse herauszufiltern, als ein bestimmtes Wort zu erkennen. Außerdem klicken wir in der Regel schneller als dass wir ein Lobwort aussprechen. Oder anders: Das Timing ist mit dem Clicker in der Regel exakter. Aus diesen Gründen lernen Hunde beim Einsatz eines Clickers meist schneller. **Der Nachteil:** Sie müssen neben Schleppleine, Pfeife und sonstigen Utensilien noch ein weiteres Trainingszubehör mit sich führen und den richtigen Umgang damit lernen. **Wichtig:** Ob Sie lieber mit dem Clicker oder mit dem Lobwort arbeiten, bleibt Ihrer persönlichen Vorliebe überlassen. Genauso können Sie je nach Übungsaufgabe mal das eine und mal das andere einsetzen. Das Trainingsprinzip ist stets das Gleiche. Allerdings muss der Clicker genau wie das Lobwort konditioniert werden, bevor Sie ihn einsetzen können. Bitte befolgen Sie hierzu die für die Konditionierung des Lobworts beschriebenen Schritte 1 bis 4. Einziger Unterschied: Anstatt des Lobworts betätigen Sie den Clicker. Anschließend geben Sie das Leckerli. Für manche Übungen empfehlen wir an entsprechender Stelle besonders die Verwendung des Clickers, etwa für die Tricks bei unseren Themenspaziergängen.

Der Hund ist an der kurzen Leine und steht aufmerksam vor Ihnen. Sagen Sie jetzt das Lobwort.

Nachdem Sie das Lobwort gesagt haben, bekommt der Hund unverzüglich das Leckerli aus der Hand.

Unser Trainingsrezept – Schritt für Schritt

Handwerkszeug: Sie benötigen viele schmackhafte, sehr kleine Leckerlis, einen Futterbeutel, möglichst eine höher gelegene Ablagemöglichkeit, den Clicker, falls Sie ihn verwenden möchten, sowie Halsband, Geschirr und eine kurze Leine.

Das kann Ihr Hund schon: Es sind keinerlei Vorkenntnisse seitens Ihres Hundes notwendig.

Die Übungsschritte:

1 Führen Sie die erste Konditionierung idealerweise an einem ruhigen Ort mit wenig Ablenkung durch, z. B. auf einer vom Weg abseits gelegenen Wiese. Alternativ können Sie die Konditionierung auch bei sich zu Hause oder im Garten vornehmen. Ihr Hund muss dabei weder eine bestimmte Haltung einnehmen noch eine konkrete Übung machen. Er sollte sich nur in Ihrer unmittelbaren Nähe befinden. Am besten ist, er steht direkt vor Ihnen. Sie nehmen ein Leckerli in die Hand und halten die geschlossene Hand vor die Hundenase.

2 Sagen Sie jetzt Ihr ausgewähltes Lobwort und geben Sie unmittelbar danach Ihrem Hund sofort das in der Hand befindliche Leckerli. Diesen Schritt wiederholen Sie etwa zehnmal. Sie können ruhig mehrere Leckerli in der Hand halten. Geben Sie allerdings für jedes ausgesprochene Lobwort nur ein Leckerli aus der Hand. Dann machen Sie eine Pause.

Sollte es Ihnen schwer fallen, jeweils nur ein Leckerli freizugeben, halten Sie bitte nur eines in der Hand bereit. Nehmen Sie nach dem Lobwort sofort wieder ein Leckerli in die Hand. Warten Sie anschließend aber unbedingt einen Moment, bevor Sie erneut das Lobwort aussprechen und danach wieder das Leckerli freigeben. Ihr Hund achtet sonst nur auf den Griff in die Futtertasche, jedoch nicht auf das Lobwort.

3 Sie halten nun kein Leckerli mehr in der Hand bereit. Stattdessen haben Sie einen Leckerlivorrat in Ihrem Futterbeutel oder auf einem hohen Tisch neben sich in Griffweite. Sie sagen das Lobwort und greifen – dies ist wichtig – jetzt erst sekundenschnell in den Leckerlibeutel, um dem Hund daraus sein Leckerli zu geben. Auch diese Übung wiederholen Sie ungefähr zehnmal. Dann machen Sie eine Pause.

4 Sie gehen an einen anderen Ort mit möglichst wenig Ablenkung und beginnen dort die Konditionierung von neuem. Wiederholen Sie dazu die Schritte 1 bis 3.

Wenn es nicht klappt

Woran merken Sie, dass die Konditionierung noch nicht geklappt hat? Ganz einfach: Ihr Hund dreht sich nach Aussprechen des Lobworts oder nach dem Ertönen des Clickers nicht sofort zu Ihnen um, um das erwartete Leckerli in Empfang zu nehmen. Dafür gibt es mehrere Ursachen:

Zu viel Ablenkung: Häufig schlagen Konditionierungen fehl, weil die Übungsumgebung noch zu viele Ablenkungen bietet. Wiederholen Sie daher die Übung an einem ruhigeren Ort, an dem der Hund weniger abgelenkt ist.

Unattraktives Leckerli: Findet Ihr Hund das Futter, das Sie als Leckerli verwenden, nicht verlockend genug, unterbleibt der Belohnungseffekt. Probieren Sie also ein anderes Leckerli aus, das dem Hund besser schmeckt, oder wiederholen Sie die Übung, wenn Ihr Hund Hunger hat.

Falsches Timing: Eventuell belohnen Sie Ihren Hund nicht schnell genug. Um diese Fehlerquelle auszuschließen, lassen Sie sich am besten von einem Helfer beobachten. Er soll darauf achten, ob Sie unmittelbar, nachdem Sie geklickt oder das Lobwort gesagt haben, das Leckerli geben. Bitte halten Sie dabei Ihre Hand nicht schon in oder an den Futterbeutel, um schneller an die Leckerlis zu kommen. Sonst kann es passieren, dass sich der Hund nur auf Ihre Hand konzentriert und das ausgesprochene Lobwort oder den Klick gar nicht richtig wahrnimmt. Legen Sie sich deshalb die Leckerlis auf einem

Tisch oder Mauervorsprung bereit. So können Sie schnell eines in die Hand nehmen, nachdem Sie das Lobwort ausgesprochen oder geklickt haben.

Bitte beachten: Im Folgenden erwähnen wir in den Trainingsanleitungen der Einfachheit halber nur das Lobwort. Sie können stattdessen aber genauso gut den Clicker verwenden.

Immer Leckerlis austeilen

Eine wichtige Grundregel gilt für erwachsene Hunde wie für Welpen gleichermaßen: Nach jedem Lobwort oder Klick erhält der Hund immer und ausnahmslos ein Leckerli – selbst wenn Sie ihm die leckere Belohnung erst mit einer kleinen Verzögerung geben können. Der Klick bzw. das Lobwort sind sogenannte sekundäre Verstärker (siehe Seite 11) und ein Versprechen auf eine primäre Belohnung, nämlich das Futter. Das bedingt nun Folgendes: Sollten Sie einmal aus Versehen für das falsche Verhalten ein Lobwort ausgesprochen oder geklickt haben, geben Sie Ihrem Hund trotzdem unverzüglich sein Leckerli, sonst verliert er das Vertrauen in das Lobwort bzw. den Clicker.

Die Belohnung ausschleichen

Wenn Sie später die Belohnung »ausschleichen« wollen, vermindern Sie nach und nach die Anzahl der Klicks oder der ausgesprochenen Lobworte. Um eine Übung zu verbessern, klicken Sie nur noch, wenn Ihr Hund die Übung besonders akkurat ausführt. Ein Beispiel: Möchten Sie, dass Ihr Hund gerade und nicht schräg neben Ihnen sitzt? Dann klicken Sie nur noch in dem Moment, sobald sich der Hund tatsächlich in der gewünschten Position befindet. Setzt er sich auf Ihr Signal schräg neben Sie, bekommt er kein Klicken oder Lobwort – und folglich auch kein Leckerli. So können Sie alle Übungen immer weiter verbessern und verfeinern.

Auch für Welpen sehr wichtig

Die Konditionierung von Lobwort und Clicker ist eine der ersten und wichtigsten Übungen, die Sie mit Ihrem Welpen trainieren sollten. Gehen Sie dabei genauso vor, wie oben beschrieben. Bitte seien Sie allerdings besonders vorsichtig, wenn Sie Ihr Hundebaby an das Klickgeräusch gewöhnen. Welpen sind noch sehr empfindlich und reagieren oft schreckhaft auf für sie unbekannte Geräusche.

Gemeinsames Spiel unter Junghunden fördert die Entwicklung der Tiere und ihre sozialen Verhaltensweisen.

31

2. Die Aufmerksamkeitsübung

Ziel: Der Hund soll sich auf ein Signal hin zu Ihnen umwenden und Sie anschauen.

Zweck: Die Übung klingt trivial, doch sie ist von größter Wichtigkeit: Wenn Ihr Hund Sie anschaut, haben Sie seine Aufmerksamkeit– die Voraussetzung dafür, um weitere Signale zu geben oder den Hund von etwas anderem abzulenken, etwa einem Fahrradfahrer oder Krähen auf dem Feld.

Hintergrund: Dies ist die wichtigste Grundübung überhaupt. Haben Sie die Aufmerksamkeit Ihres Hundes, ist die Wahrscheinlichkeit viel größer, dass er genau das tut, was Sie gerade von ihm verlangen. Schaut er dagegen beispielsweise einer Joggerin oder einem anderen Hund hinterher, bemerkt er es vielleicht gar nicht, wenn Sie ihm ein Signal geben.

Normalerweise verwenden wir den Namen eines Hundes, um dessen Aufmerksamkeit zu erlangen. Das Problem dabei ist allerdings, dass der Name des Tieres häufig ausgespro-

chen wird, ohne dass daraufhin etwas für sein Empfinden Spannendes geschieht. Insbesondere Kinder neigen dazu, die Vierbeiner pausenlos bei ihrem Namen zu rufen, wenn sie neu in die Familie kommen. Das führt nicht selten dazu, dass viele Hunde ihrem Namen gegenüber regelrecht abstumpfen. Deswegen ist es sinnvoll, ein Extrasignal für »aufmerksam sein und Besitzer anschauen« einzusetzen.

Signale: Lenken Sie mit einem prägnanten Wortsignal wie »Kuck mal«, »Schau« oder »Look« die Aufmerksamkeit des Hundes auf sich. Englische Wörter wie etwa »Look« haben den großen Vorteil, dass sie in unserem deutschsprachigen Alltag ansonsten nicht vorkommen. Ihr Einsatz beugt der Gefahr einer Abstumpfung elegant vor.

Unser Trainingsrezept – Schritt für Schritt

Handwerkszeug: Sie benötigen gute Leckerlis, einen Futterbeutel, eine bis zu zwei Meter lange Leine, ein Halsband oder Geschirr sowie gegebenenfalls den Clicker.

Das kann Ihr Hund schon: Ein Lobwort oder der Clicker sollten bereits verknüpft sein.

Die Übungsschritte: Wir verwenden das Aufmerksamkeitswort »Kuck mal« als Beispiel in folgenden Übungsschritten.

1 Der Hund steht an der Leine vor Ihnen. Sie nehmen mit einer Hand ein Leckerli und zeigen es dem Hund.

2 Wenn der Hund Interesse an dem hingehaltenen Leckerli zeigt, sagen Sie das Wortsignal »Kuck mal« und geben ihm daraufhin sofort das Leckerli.

3 So verfahren Sie mit zehn Leckerlis. Genau wie bei der Konditionierung des Lobworts halten Sie mehrere Leckerlis in der Hand. Jedes Mal, wenn Sie das Aufmerksamkeitswort »Kuck mal« sagen, geben Sie ein Leckerli aus der Hand frei. Danach machen Sie eine kleine Pause.

Verstärken Sie die Aufmerksamkeit des Hundes: Gehen Sie einen Schritt zurück, während Sie das Aufmerksamkeitswort sagen.

4 Sie haben mehrere Leckerlis in der Hand, und der Hund steht vor Ihnen. Falls er nicht schon aufmerksam ist, halten Sie ihm kurz die Hand mit den Leckerlis vor die Nase, um seine Aufmerksamkeit zu erlangen. Nun sagen Sie wieder »Kuck mal«, machen dabei aber gleichzeitig einen Schritt rückwärts vom Hund weg. Um an das Leckerli zu kommen, muss der Hund nun seinerseits einen Schritt auf Sie zukommen. Sobald er Sie erreicht, erhält er das Leckerli.

5 Sie wiederholen mehrmals »Kuck mal« und gehen jeweils einen Schritt rückwärts.

6 Die bisherigen Schritte wiederholen Sie einige Tage lang – solange, bis Sie merken, dass Ihr Hund Ihr»Kuck mal« mit dem Verhalten verknüpft hat: »Ich wende mich um, mache einen Schritt auf mein Frauchen zu und erhalte ein Leckerli.«

7 Als Nächstes üben Sie das Ganze in Bewegung und nehmen das Lobwort hinzu. Der Hund läuft in ein bis zwei Meter Abstand vor Ihnen an der Leine und schaut nach vorne. Zwischendurch sagen Sie spontan das Wortsignal »Kuck mal« und bleiben stehen. Ihr Hund sollte sich sofort oder nach einem kurzen Moment umdrehen und auf Sie zukommen. In der Sekunde, in der sich Ihr Hund umdreht, sagen Sie ab sofort immer das Lobwort, z. B. »Fein«. Gleichzeitig gehen Sie einen Schritt rückwärts und geben dem Hund sein Leckerli.

Wichtig: Sagen Sie das Lobwort genau in dem Moment, in dem sich der Hund nach dem Zuruf »Kuck mal« zu Ihnen umwendet bzw. Sie anschaut. Das Verhalten, das wir bestärken wollen, ist »auf ein Signal hin den Besitzer ansehen«. Anschließend darf sich der Hund sein Leckerli abholen.

Wenn es nicht klappt

Zu stark abgelenkt: Sollte sich Ihr Hund einmal nicht auf Ihr »Kuck mal« umwenden, wiederholen Sie keinesfalls das Signal. Warten Sie vielmehr ab, bis er sich schließlich nach Ihnen

Ohne Leine über eine Wiese flitzen ist in den ersten Trainingswochen nur auf einem eingezäunten Gelände möglich.

umdreht. Offensichtlich war Ihr Hund noch zu sehr von der Umgebung abgelenkt. Auch Gerüche können ablenkend wirken. Selbst wenn es in solchen Fällen etwas länger gedauert hat: In dem Augenblick, in dem er sich Ihnen zuwendet, sagen Sie das Lobwort und geben dem Hund anschließend das Leckerli. Sagen Sie das Aufmerksamkeitswort beim nächsten Mal, wenn Ihr Vierbeiner weniger abgelenkt ist. Alternativ wiederholen Sie die Konditionierung noch einmal.

Wozu dient der Schritt zurück?

Mit dem Rückwärtsschritt bewirken Sie, dass Ihr Hund ein oder mehrere Schritte auf Sie zukommen muss, um seine Belohnung zu erhalten. So erreichen Sie, dass sich Ihr Hund später auch von einer Ablenkung, etwa einem entgegenkommenden Hund oder Fahrradfahrer, deutlich abwendet.

3. Die Rückrufübung

Ziel: Ihr Hund soll auf ein Signal hin zu Ihnen laufen.

Zweck: Haben Sie den Rückruf mit Ihrem Hund gut trainiert, können Sie das Tier jederzeit zu sich rufen, selbst wenn es abgelenkt ist. So ausgebildet darf Ihr Vierbeiner in geeigneter Umgebung oft Freilauf genießen.

Hintergrund: Die häufigsten Probleme in der Öffentlichkeit entstehen meist, weil Hunde nicht gelernt haben, zuverlässig auf Ruf zu kommen. So entwickeln Hunde sehr schnell unerwünschtes Verhalten, wie beispielsweise Joggern und Radfahrern hinterherzulaufen oder andere Tiere zu jagen. Dieses Verhalten kann rasch gefährlich werden. Denn überquert der Hund dabei eine Straße, sind nicht selten schlimme Unfälle die Folge. Es lohnt sich also, auf das Rückruftraining einige Zeit und Mühe zu verwenden!

Gut zu wissen: Selbst wenn Ihr Hund schon älter sein oder einige der oben genannten Unarten entwickelt haben sollte, kann selbst dann noch der Rückruf durchaus sehr erfolgreich trainiert werden. Hatten Sie bislang bereits ein Rückrufsignal in Gebrauch, das nicht zuverlässig funktionierte, sollten Sie in jedem Fall ein neues Signal einführen. Machen Sie dazu die Übung genauso, wie unten beschrieben, verwenden Sie aber ein Wort, das für den Hund neu ist.

Signale: Verwenden Sie Wortsignale wie »Hier«, »Aki«, »Zu mir«. Später üben Sie zusätzlich die Hundepfeife als Rückrufsignal ein. Das Wort »Komm« empfehlen wir nicht, da es im täglichen Sprachgebrauch zu häufig auftaucht.

Unser Trainingsrezept – Schritt für Schritt

Der Hund lernt zunächst an einem Ort ohne Ablenkung, auf ein Wortsignal hin zu seinem Besitzer zu laufen. Später wird unter zunehmender Ablenkung – das können Spaziergänger, Jogger, Radfahrer oder andere Personen mit Hunden sein –

geübt. Sie beginnen zuerst mit der Konditionierung des Wortes »Hier« als Rückrufsignal. Im späteren Verlauf den Trainings üben Sie den Rückruf in derselben Weise auf längere Distanz und mit steigender Ablenkung. Zusätzlich trainieren Sie Ihrem Hund noch den Pfiff als Rückrufsignal an.

Handwerkszeug: Sie benötigen einige besonders schmackhafte Leckerlis, eine zunächst ungefähr zwei Meter lange Leine sowie Halsband oder Geschirr.

Das kann Ihr Hund schon: Ein Lobwort sollte verknüpft sein.

Die Übungsschritte:

1 Der Hund steht angeleint vor Ihnen. Nehmen Sie ein Leckerli und führen Sie es in die Nähe der Hundenase.

2 Zeigt der Hund Interesse an dem hingehaltenen Leckerli, gehen Sie einen Schritt rückwärts, während Sie gleichzeitig das Wort »Hier« sagen. Ist der Hund bei Ihnen angekommen, sagen Sie das Lobwort und geben ihm das Leckerli.

3 Diese zwei Schritte wiederholen Sie ungefähr fünfmal, dann machen Sie eine Pause.

4 Jetzt gehen Sie an einen anderen Ort. Wiederholen Sie dort die Konditionierung wiederum mehrmals. Achten Sie aber bitte darauf, dass zu diesem Zeitpunkt noch keine Ablenkung vorhanden ist.

Tipp: Die Rückrufübung funktioniert in der Regel sehr gut, wenn Sie besonders feine Leckerlis verwenden, z.B. getrocknetes Fleisch, gekochtes Hühnerfleisch, Hühnerherzen, Harzer Käse oder Leberwurst aus der Tube (extra für Hunde).

Wenn es nicht klappt

Kein Appetit: Folgt der Hund Ihrem Rückwärtsschritt nicht, kann es daran liegen, dass das Leckerli nicht attraktiv genug ist oder der Hund satt ist. Probieren Sie in diesem Fall eines von den unter »Tipp« beschriebenen Leckerlis oder üben Sie nicht mit dem Tier, wenn es gerade gefressen hat.

Andere Interessen: Wenn Ihr Hund lieber schnüffeln will oder auf andere Weise abgelenkt ist, dann wiederholen Sie die Konditionierung beispielsweise in Ihrer Wohnung, in einem ruhigen Hof oder auf einem Parkplatz.

4. Das Auflösesignal

Ziel: Mit dem Auflösesignal beenden Sie eine Übung. Der Hund lernt, dass er erst nach Erteilen dieses Signals aus der Übung entlassen ist und wieder machen darf, was er will.

Zweck: Durch konsequentes Anwenden des Auflösesignals bringen Sie Ihrem Hund bei, auf dieses zu warten oder eine Übung so lange durchzuführen, bis Sie sie mit dem Auflösesignal beenden. Nehmen wir als Beispiel die Übung »Sitz«. Hier teilen Sie Ihrem Hund mit dem Auflösesignal mit, wann er wieder aufstehen und die »Sitz«-Position verlassen darf.

Signale: Verwenden Sie ein Wortsignal wie »Auf«, »Lauf«, »Fertig«, »Ok« oder »Ende« und am besten gleichzeitig noch ein Körpersignal: Dabei schauen Sie den Hund nicht mehr an, sondern drehen sich etwas von ihm weg.

Unser Trainingsrezept

Wir erwähnen auf den folgenden Seiten bei jeder einzelnen Übung, wann Sie das Auflösesignal geben sollen. Anfangs weiß Ihr Hund noch nicht, was mit diesem Signal gemeint ist. Helfen Sie ihm: Solange Sie das Auflösesignal noch nicht erteilt haben, halten Sie Blickkontakt mit Ihrem Hund. Dann, nach Aussprechen des Signals, zeigen Sie Ihrem Vierbeiner zusätzlich durch Wegdrehen Ihres Körpers und kurzzeitiges Ignorieren, dass Sie nichts mehr von ihm wollen. Dadurch lernt Ihr Hund im Lauf der Zeit, dass die Übung beendet

Die Rückrufübung: Während Sie einen Schritt zurück gehen, sprechen Sie das Wortsignal »Hier« aus. Der Hund folgt Ihnen.

Sobald der Hund bei Ihnen angekommt, belohnen Sie ihn unverzüglich mit einem attraktiven Leckerli.

35

und er aus dieser entlassen ist. Anfangs sollten Sie das Auflösesignal immer gleich dann erteilen, wenn Ihr Hund eine Übung erfolgreich gemeistert hat und Sie ihn dafür mit einem Leckerli belohnt haben. Später, bei länger andauernden Übungen, können Sie Zwischenbelohnungen einführen. Die Übung ist dann nicht mit der Leckerligabe beendet, sondern erst nach dem Erteilen des Auflösesignals.

Beim Auflösesignal beenden Sie den Blickkontakt und wenden sich, unterstützt von einer Handbewegung, vom Hund ab.

Vorgehen bei Übungsabfolgen: Wie gehen Sie richtig vor, wenn eine andere die aktuelle Übung ablöst – wenn etwa nach dem »Sitz« ein »Bei Fuß gehen« folgen soll? In diesem Fall lassen Sie das Auflösesignal weg und geben sofort das Folgesignal, z. B. »Fuß«.

Wenn es nicht klappt

Inkonsequente Signalverwendung: Falls Sie das Auflösesignal nicht konsequent benutzen, ist Ihrem Hund unklar, wie lange ein Signal gilt. Die Folge: Irgendwann entscheidet Ihr Vierbeiner einfach von sich aus, wann er aufsteht, oder er bleibt erst gar nicht so lange sitzen oder liegen. Sollte Ihr Hund immer schon aufstehen, bevor Sie das Auflösesignal geben, ist dies ein sicheres Indiz dafür, dass er die Übung noch nicht richtig beherrscht. Ein Hund lernt längeres Liegen- oder Sitzenbleiben nur in ganz kleinen Schritten. Wie das genau funktioniert, erfahren Sie im Verlauf des Sechs-Wochen-Trainingsplans.

Für Welpen geeignet

Wenn Sie ein Hundekind haben, sollten Sie schon früh damit beginnen, das Auflösesignal zu trainieren und dieses konsequent anzuwenden. Auch ein Welpe soll von Anfang an lernen, wann eine Übung als beendet gilt. Beachten Sie allerdings, dass sich ein sehr junger Hund noch nicht so lange auf eine Übung wie etwa das Sitzenbleiben konzentrieren kann. Geben Sie deshalb das Auflösesignal, gleich nachdem er für eine Übung die Belohnung in Form von Lobwort und Leckerli erhalten hat. Erteilen Sie das Signal auf jeden Fall möglichst immer, bevor der Welpe von selbst aufsteht. War er doch einmal schneller, ist das kein Beinbruch. Seien Sie beim nächsten Mal besonders achtsam und beenden Sie die Übung von sich aus, bevor der Welpe seine Konzentration verliert.

Ebenso können Situationen auftreten, in denen Ihre Aufmerksamkeit nicht mehr komplett bei Ihrem Welpen ist – etwa wenn Sie auf dem Spaziergang einem Bekannten begegnen und sich mit diesem unterhalten möchten. Lösen Sie dann bitte die Übung immer auf, bevor Sie abgelenkt sind und Ihr Welpe die Übung selbst für beendet erklärt.

Grundsätzliche Tipps und Tricks

▶ Sie müssen nicht generell einen Rundweg auf Ihrem Trainingsspaziergang absolvieren. Bei Hunden, die sich leicht ablenken lassen oder die draußen sehr aufgeregt sind, ist es sogar empfehlenswert, auf dem Rückweg dieselbe Strecke noch einmal abzulaufen. So kann der Hund auf dem Hinweg seinem Schnüffelbedürfnis nachkommen, während Sie dann auf dem Rückweg die Übungen einbauen.

▶ Bitte halten Sie zwischen den Übungen immer die nötigen Pausen ein. Fünf Übungsminuten am Stück reichen völlig aus. Alternativ können Sie natürlich auch zehn Leckerlis abzählen und die nächste Übungspause einlegen, sobald die Häppchen verbraucht sind. Anschließend geht es an der Schleppleine weiter, während der Hund bis zum nächsten Übungsstopp sozusagen seine Freizeit genießt.

▶ »Üben, üben und nochmals üben« heißt die Devise: Wenden Sie alle Übungen der ersten Trainingswoche regelmäßig an. Gehen Sie also immer wieder ein Stück spazieren und wiederholen Sie nach mindestens zehn Minuten eine der Übungen oder machen Sie eine neue Übung. Natürlich müssen Sie nicht alle Übungen in genau einer Woche durchführen. Sie können zwischendurch immer wieder einmal einen komplett übungsfreien Spaziergang unternehmen. Nur folgende Grundregeln sollten immer gelten, um Fehlverhalten vorzubauen: Lassen Sie Ihren Hund weder den Weg verlassen noch an der Leine ziehen.

Legen Sie auf Ihren Spaziergängen zwischen den einzelnen Übungen immer wieder einmal eine Spielpause ein.

Erwartungsfroh wartet der Collie auf die verdiente Spielrunde. Anschließend können Sie zur nächsten Übung übergehen.

37

Das Programm für die 2. Woche

Haben alle Übungen der letzten Woche gut geklappt? Schaut Ihr Hund Sie nun an, wenn Sie das Aufmerksamkeitswort sagen? Prima. Dann können Sie jetzt die Schleppleine schon etwas verlängern. Dabei kommt es auf Ihren Hund an, ob Sie ihm eher zwei oder vier Meter Leine geben. Probieren Sie aus, ab welcher Länge er zu unaufmerksam wird oder zu stark zieht – und passen Sie die Leinenlänge entsprechend an.

Ein paar Vorbereitungen

Wenig Ablenkung: Meiden Sie auch in der zweiten Woche Gebiete mit zu großer Ablenkung. Ob eine Ablenkung bereits zu groß ist, hängt von Ihrem Vierbeiner ab. Manche Hunde geraten aus dem Häuschen, sobald ein Jogger vorbeiläuft, andere sind kaum zu bändigen, wenn sie Kühe auf einer Weide am Wegesrand erspähen. Achten Sie deshalb genau auf Ihren Vierbeiner und passen Sie Ihren Spazierweg an. Besteht keine Ausweichmöglichkeit, weil zu viel los ist und Sie keine Gelegenheit finden, in ruhigeren Gegenden zu üben? Dann warten Sie mit den Übungen so lange, bis zumindest keine allzu große Ablenkung in Sicht ist. Manchmal hilft es, den Spaziergang in die frühen Morgen- oder späteren Abendstunden zu verlegen, wenn nicht mehr so viel los ist.

Kurze Rückschau: Nachdem sich in der ersten Viertelstunde des Spaziergangs die Aufgeregtheit und das Schnüffelbedürf-nis Ihres Hundes gelegt haben, kann es mit den neuen Übungen losgehen. Wiederholen Sie kurz die Aufmerksamkeitsübung und die Konditionierung des Lobworts aus der ersten Woche, bevor Sie zur ersten Übung der zweiten Woche übergehen. So wird der Hund schon eingestimmt und bekommt gerade für die Selbstguckerübung die »richtige Idee«.

1. Die Selbstguckerübung

Ziel: In der vergangenen Trainingswoche hat Ihr Hund gelernt, Sie auf das Signal »Kuck mal« anzuschauen. Nun soll er dieses Verhalten von sich aus anbieten – daher nennen wir diese Übung »Selbstguckerübung«.

Zweck: Diese Übung dient als Grundlage für verschiedene weitere darauf aufbauende Übungen. Sie sollen allgemein die Aufmerksamkeit verbessern, die Ihr Hund Ihnen schenkt.

Hintergrund: Die meisten Hunde machen auf einem Spaziergang mehr oder weniger »ihr eigenes Ding«. Sie gehen ihren eigenen Interessen nach, wie Schnuppern nach Markierungen anderer Hunde oder dem Auffinden von Wildspuren. Viele Hunde blenden den Menschen dabei komplett aus, ihre Nase befindet sich nur auf dem Boden. Oft schauen sie anfangs noch hin und wieder zu ihrem Menschen hin, doch belohnen Herrchen oder Frauchen dieses flüchtige Interesse häufig leider nicht. Es wird irrtümlich als selbstverständlich erachtet, dass sich der Hund an seinem Menschen orientiert. Das Fatale daran: Verhalten, das nicht belohnt wird, zeigen Hunde bald gar nicht mehr. Das ist ein Lerngesetz. Wenn Sie also Ihren Hund nie dafür belohnen, dass

er Blickkontakt zu Ihnen aufnimmt, wird er irgendwann nicht mehr zu Ihnen hinsehen, sondern stattdessen den Spaziergang dafür nutzen, sich nach für ihn spannenderen Dingen umzuschauen. Damit das nicht passiert, machen Sie mit ihm immer wieder die Selbstguckerübung. Das Belohnen des freiwillig gezeigten Blickkontakts kann wahre Wunder bewirken – übrigens auch bei der Rückrufübung (siehe Seite 34).
Signale: Bei dieser Übung verwenden Sie keinerlei Signal. Ihr Hund wird lediglich belohnt, wenn er das gewünschte Verhalten von sich aus zeigt.

Tolle Erfolge mit dem Clicker

Für die Selbstguckerübung empfehlen wir ausdrücklich die Verwendung des Clickers. Mit seiner Hilfe können Sie selbst dann schnell genug reagieren, wenn Ihr Hund zwischendurch einmal kurz spontan zu Ihnen herüberblickt, und so das gewünschte Verhalten »einfangen«.
Verstehen Sie die Selbstguckerübung als Dauerübung, die zu jedem Spaziergang gehört. Für interessante Abwechslung können Sie sorgen, indem Sie Ihrem Hund weitere Signale geben, nachdem Sie den Blickkontakt belohnt haben. Auf diese Weise können Sie zwischendurch immer wieder einmal eine spannende Übung mit einfließen lassen.

Unser Trainingsrezept – Schritt für Schritt

Handwerkszeug: Sie benötigen für diese Übung Leckerlis, einen Leckerlibeutel, den Clicker, den wir hier besonders empfehlen, eine zwei bis vier Meter lange Leine sowie Halsband oder Brustgeschirr.
Das kann Ihr Hund schon: Ein Lobwort oder der Clicker sollten bereits verknüpft sein, und das Aufmerksamkeitswort sollte ebenfalls bereits geübt worden sein.

Belohnen Sie Ihren Hund sofort, wenn er sich spontan zu Ihnen umdreht. Sagen Sie das Lobwort und geben Sie ihm ein Leckerli.

Die Übungsschritte:
1 Sie gehen mit Ihrem Hund an der Leine auf einem ruhigen Feld- oder Waldweg ohne größere Ablenkung spazieren. Beobachten Sie dabei Ihren Vierbeiner ganz genau. Bei den meisten Hunden ist es so, dass sie sich irgendwann spontan zu ihrem Menschen am anderen Ende der Leine umdrehen. Darauf haben Sie gewartet. In dem Moment, in dem der Hund spontan Blickkontakt zu Ihnen aufnimmt, klicken Sie oder sagen das Lobwort. Anschließend erhält er ein Leckerli.
2 Sie setzen den Spaziergang fort und wiederholen den beschriebenen Ablauf jedes Mal aufs Neue, sobald Ihr Hund

39

Blickkontakt zu Ihnen aufnimmt – selbst wenn dieser anfangs nur sehr kurz ausfällt.

Dran bleiben: Setzen Sie diese Übung über die ganzen sechs Übungswochen hinweg und darüber hinaus fort. Machen Sie es sich zur Angewohnheit, den Blickkontakt Ihres Hundes konsequent zu bestätigen, wann immer er auftritt. Es ist übrigens ganz entscheidend, dass Ihr Hund von allein auf die Idee kommt, den Blickkontakt zu Ihnen aufzunehmen. Es hilft ihm dabei, dass er bereits zuvor gelernt hat, Sie auf das Aufmerksamkeitswort hin anzuschauen. Dadurch fällt es ihm leichter, auf die »richtige Idee« zu kommen. Helfen Sie ihm aber auf keinen Fall, indem Sie schnalzen oder mit Futter locken. Er soll das gewünschte Verhalten von sich aus zeigen, das Sie dann natürlich zeitnah belohnen.

Tipp: Es gibt Hunde, die ab einem bestimmten Lernzeitpunkt permanent neben dem Besitzer hergehen und ihn andauernd anschauen, sobald sie den Dreh einmal heraushaben: Sie wollen wieder einen Klick oder das Lobwort mit dem Leckerli bekommen. In diesem Fall sagen Sie irgendwann das Auflösesignal. Ignorieren Sie danach den Hund für eine Weile. Damit signalisieren Sie ihm, dass es sich momentan nicht lohnt, neben Ihnen herzulaufen und auf die nächste Belohnung zu warten. Später beginnen Sie die Übung dann von Neuem.

Wenn es nicht klappt

Zu viel Ablenkung: Manchmal sind Hunde auf dem Spaziergang derart von den vielen Spuren, Gerüchen oder sonstigen Reizen abgelenkt, dass sie sich für lange Zeit nicht spontan nach ihrem Frauchen oder Herrchen umsehen. In einem solchen Fall bleiben Sie unterwegs einfach einmal stehen und warten ab. Ihr Hund merkt recht schnell, dass es aus irgendeinem Grund nicht weitergeht. Er wird sich daraufhin früher oder später zu Ihnen umdrehen. In diesem Moment klicken Sie oder sagen das Lobwort und halten dem Hund sein Leckerli hin. Auch bei dieser Variante ist wichtig, dass Sie zwar stehen bleiben, dem Hund aber ansonsten nicht helfen.

Neutrale Gebiete wählen: Bei Hunden mit ausgeprägtem Jagdtrieb oder solchen, die sich extrem leicht ablenken lassen und deshalb kaum Blickkontakte anbieten, sollten Sie die Ablenkung anfangs so gering wie möglich halten. Gehen Sie mit Ihrem Vierbeiner am besten sonntags auf einen abgelegenen großen Parkplatz vor einem Supermarkt oder Baumarkt. Dort gibt es garantiert keine Wildspuren, und auch Spuren anderer Hunde sind eher selten – ideal also, um mit Ihrem Hund in aller Ruhe das Aufnehmen des Blickkontakts zu üben.

2. Die Übung »Sitz«

Ziel: Der Hund soll sich mit seinem Hinterteil auf den Boden setzen, zunächst in unmittelbarer Nähe von Ihnen.

Zweck: »Sitz« ist eine äußerst vielfältig einsetzbare Übung, die Ihnen im Alltag eine große Hilfe sein wird und die jeder Hund beherrschen sollte.

Hintergrund: Die Sitz-Position kann als Ausgangsstellung für Tricks und weiterführende Übungen dienen. Zudem ist sie in Alltagssituationen hilfreich, z. B. beim An- und Ableinen des Hundes oder beim Ein- und Aussteigen ins und aus dem Auto. Überdies erweist es sich als praktisch, wenn Sie später Ihren Hund beim Spaziergang am Wegrand sitzen lassen können, sobald sich ein Radfahrer oder Jogger nähert.

Signale: Als Wortsignal sagen Sie »Sitz«, und als Handzeichen dient Ihr erhobener Zeigefinger.

Unser Trainingsrezept – Schritt für Schritt

Handwerkszeug: Sie benötigen für diese Übung Leckerlis und einen Leckerlibeutel, eine etwa zwei Meter lange Leine sowie Halsband oder Brustgeschirr.

Die Nase des Hundes folgt der Hand mit dem Leckerli nach oben. Dabei bewegt sich sein Hinterteil automatisch nach unten.

Sitzt Ihr Hund, sagen Sie sofort das Lobwort und geben ihm die Belohnung aus der Hand.

Das kann Ihr Hund schon: Ein Lobwort sollte bereits verknüpft sein.

Die Übungsschritte: Für die ersten Schritte suchen Sie sich einen ruhigen Weg oder eine kleine Wiese ohne Ablenkung.

1 Der Hund steht an der kurzen Leine vor Ihnen und ist aufmerksam. Sie nehmen ein Leckerli zwischen Daumen und Mittelfinger in die Hand.

2 Nun führen Sie das Leckerli erst an die Hundenase, sodass der Hund daran schnuppern kann. Anschließend setzen Sie die Handbewegung nach oben hin fort, ein kleines Stück über die Nase und den Kopf Ihres Hundes hinweg. Ihr Hund versucht, dem Leckerli mit der Nase zu folgen. Er bewegt dabei den Kopf nach oben, um das Leckerli zu bekommen. Weil

das im Stehen sehr unbequem ist, wird er sich automatisch setzen. In diesem Moment sagen sie das Lobwort und geben das Leckerli aus der Hand frei. Noch bevor der Hund selbstständig aufsteht, geben Sie ihn mit dem Auflösesignal frei.

3 Sie wiederholen diesen Ablauf fünf- bis sechsmal. Danach machen Sie eine Pause. Wechseln Sie den Ort und beginnen Sie die Übung an einer anderen Stelle von vorne.

4 So führen Sie das Handzeichen ein: Wieder steht der Hund zunächst aufmerksam vor Ihnen, und Sie halten ein Leckerli zwischen Daumen und Mittelfinger. Nun strecken Sie zusätzlich den Zeigefinger nach oben. Der erhobene Zeigefinger ist unser Handzeichen für »Sitz«. Wie oben beschrieben, führen Sie nun das Leckerli über den Hundekopf,

41

sodass er sich automatisch hinsetzt. Wahrscheinlich müssen Sie jetzt gar nicht mehr lange warten, bis sich das Hinterteil des Hundes dem Boden nähert. Natürlich gibt es sofort wieder das Lobwort und das Leckerli. Auch diesen Schritt wiederholen Sie, bis er flüssig gelingt, und gehen dann wieder an einen anderen Ort, um dort die Übung zu wiederholen.

5 Einführen des Hörzeichens: Wenn Sie die »Sitz«-Übung wie vorstehend beschrieben ein paar Tage lang durchgeführt haben, können Sie damit beginnen, das Hörzeichen einzuführen. Dabei gehen Sie genauso vor wie bisher: Sie halten ein Leckerli zwischen Daumen und Mittelfinger, dieses Mal jedoch noch ohne den erhobenen Zeigefinger.

6 Nun sagen Sie erst das Wort »Sitz« und erheben kurz danach den Zeigefinger. Auf diese Weise geben Sie zuerst das neue und danach das bereits bekannte Signal. Sobald der Hund sein Hinterteil auf den Boden gesetzt hat, sagen Sie das Lobwort und geben ihm sein Leckerli. Danach kommt wie immer das Auflösesignal.

7 Diesen Schritt wiederholen Sie etwa fünfmal, gehen dann an einen anderen Ort und üben dort erneut.

Wenn es nicht klappt

Falsche Verknüpfung: Bitte sagen Sie keinesfalls »Sitz«, solange Ihr Hund noch herumhüpft, um an das Leckerli in Ihrer Hand zu gelangen. Dies ist insofern sehr wichtig, weil das Wort »Sitz« am Anfang der Übung noch keinerlei Bedeutung für ihn hat. Sagen Sie zu früh »Sitz«, verknüpft Ihr Hund das Wort eventuell mit dem Herumhüpfen, oder er achtet gar nicht mehr darauf, ob Sie etwas sagen.

Zu gierig: Es kann sein, dass der Hund an Ihre Hand springt, um das Leckerli zu bekommen. In diesem Fall halten Sie Ihre Hand einfach etwas tiefer und das Leckerli so lange eingeklemmt, bis der Hund irgendwann auf die Idee kommt, sich

zu setzen. Wiederholen Sie während dieser Aktion aber auf keinen Fall andauernd das Signal.

Wichtig: Bitte drücken Sie niemals, wirklich niemals, das Hinterteil Ihres Hundes mit der Hand hinunter. Damit lenken Sie ihn nur von der ursprünglichen Übung ab. Außerdem könnte Ihr Hund die Übung mit dem unangenehmen Druck auf seinem Hinterteil verbinden oder Angst bekommen – und daher die Übung später nur ungern mitmachen.

Für Welpen geeignet

Welpen lernen diese Übung relativ schnell. Lösen Sie aber bitte das Signal auch wieder auf – und zwar bevor der Welpe von selbst aufsteht. Seien Sie geduldig, wenn Ihr Hundekind anfänglich versuchen sollte, das Leckerli in dem Moment aus Ihrer Hand zu schnappen, in dem Sie die Hand über seinen Kopf führen. Wiederholen Sie die Bewegung so lange, bis Ihr Welpe auf die Idee kommt, sein Hinterteil auf den Boden zu setzen. Bei sehr lebhaften Welpen müssen Sie das vielleicht ein bisschen üben. Achten Sie dabei darauf, dass Ihr Welpe Ihnen das Leckerli nicht aus der Hand schnappt, ansonsten belohnt er sich selbst für das falsche Verhalten.

3. Das Spiel mit dem Beutemäppchen

Ziel: Der Hund soll das Spiel mit dem Beutemäppchen als Belohnung kennenlernen.

Zweck: Das Beutemäppchen wird so zur hochwertigen Belohnung – zum »Jackpot« –, den Sie z.B. für einen gelungenen Rückruf oder eine besonders gute Leistung vergeben.

Hintergrund: Das Besondere am Beutemäppchen ist die Verknüpfung zwischen Futter und Spiel. Erst darf der Hund mit dem Mäppchen spielen, dann darf er daraus fressen. Selbst weniger spielfreudige Hunde sind früher oder später vom Beutemäppchen total begeistert.

Gut zu wissen: Manche Hunde müssen erst lernen, dass es großen Spaß machen kann, einem mit Futter gefüllten Säckchen hinterherzulaufen und dieses zu erbeuten. Einige Hunde sind auch von ihrem Naturell her weniger spielfreudig. Sie lassen sich nur schwer für das Spiel mit Objekten, wie Bällen oder Spielsachen, begeistern. Doch selbst für solche Hunde kann das Beutemäppchen unglaublich spannend werden. Dann nämlich, wenn sie feststellen, dass dieses Säckchen mit besonders leckeren Futterhäppchen gefüllt ist – Leckereien, die sie beim gemeinsamen Spiel mit Frauchen oder Herrchen ab und zu bekommen. Erst wenn das Beutemäppchen zum begehrenswerten Objekt für Ihren Hund geworden ist, können Sie es zur Belohnung einsetzen, beispielsweise beim Trainieren des Rückrufs. **Signal:** Das Beutemäppchen selbst ist in diesem Fall das Signal für Spiel und Spaß mit Ihnen.

Unser Trainingsrezept – Schritt für Schritt

Handwerkszeug: Sie benötigen für diese Übung sehr gute Leckerlis, z. B. getrockneten Pansen, Käse oder Fleischwurst, ein Beutemäppchen, z. B. aus Leinen, eine zunächst etwa drei Meter lange Leine sowie ein Brustgeschirr.

Das kann Ihr Hund schon: Es ist hilfreich, wenn Ihr Hund das Prinzip des Tauschgeschäfts bzw. das »Abgeben auf Signal« schon beherrscht.

Die Übungsschritte:

1 Füllen Sie das Beutemäppchen vor dem Spaziergang mit leckeren Sachen, wie getrockneten Pansen, Käse oder Fleischwurst. Ihr Hund darf dabei ruhig zuschauen.

2 Spielen Sie zunächst allein mit dem Mäppchen. Ihr Vierbeiner schaut Ihnen dabei nur zu. Zeigt er Interesse an dem Mäppchen, lassen Sie ihn daran schnuppern. Ist er danach weiterhin interessiert, öffnen Sie das Mäppchen und geben ihm eines der schmackhaften Häppchen daraus.

Zeigen Sie Ihrem Hund, wie besonders schmackhafte Leckerlis in das Beutemäppchen eingefüllt werden.

Anschließend darf Ihr vierbeiniger Freund das Mäppchen wie eine fliehende Beute fangen.

43

3 Als Nächstes binden Sie eine nicht zu lange Schnur (ca. 0,5 bis 1 Meter lang) an das Mäppchen. Bewegen sie dieses mithilfe der Schnur nun wie eine Beute vor dem Hund auf und ab und animieren sie ihn dazu, das Beutemäppchen zu fangen. Achten Sie darauf, die Bewegungen immer vom Hund weg auszuführen, ganz so, wie es kleine, fliehende Beutetiere tun würden.

4 Lassen Sie Ihren Vierbeiner das Mäppchen fangen, bevor er das Interesse daran verliert. Wenn es der Hund im Maul hat, nehmen Sie es ihm sanft ab, machen es auf und geben ihm daraus ein paar Leckerlis.

5 Sobald Ihr Hund zuverlässig Interesse an dem Beutemäppchen zeigt, können Sie es ein Stück von ihm wegwerfen. Aber nicht so weit, dass es außerhalb des Bereichs der Schleppleine gerät. Andernfalls besteht die Gefahr, dass der Hund in die Leine läuft (Verletzungsgefahr auch für Sie!).

6 Hat der Hund das Mäppchen im Maul, drehen Sie sich um und ermuntern ihn, Ihnen zu folgen. Dann hocken Sie sich hin. Lassen Sie sich das Mäppchen am besten in die Hand geben oder nehmen Sie es sanft aus dem Hundemaul. Anschließend öffnen Sie das Mäppchen. Nun darf Ihr Hund zur Belohnung direkt aus dem Mäppchen fressen und sich ein ganzes Maul voller Leckerlis nehmen.

7 Üben Sie nun das Werfen und Bringen regelmäßig. So wird es Ihrem Hund immer mehr Spaß machen, sich mit Ihnen und dem Beutemäppchen zu beschäftigen.

Wenn es nicht klappt

Kein Interesse: Zeigt Ihr Hund trotz des hier beschriebenen Tricks keinerlei Interesse am Beutemäppchen, kann es helfen, ihn eine Zeit lang größtenteils über das Mäppchen zu füttern. Das heißt: Sie brauchen zu Hause eigentlich keinen Napf mehr. Das normale Futter wird über das Mäppchen gegeben.

Die meisten Hunde schalten schnell um. In der Regel fressen sie nach spätestens drei Tagen begeistert aus dem Mäppchen.

Für Welpen geeignet

Das Beutemäppchen kennenzulernen, kann auch für Ihren Welpen schon eine sehr sinnvolle Übung sein. Lernt er frühzeitig, dass das Spielen mit Ihnen und dem Mäppchen jede Menge Spaß bringt, haben Sie von Anfang an ein ausgezeichnetes Motivationsmittel zur Verfügung. Achten Sie bitte nur besonders darauf, dass die Spielerei nicht in ein wildes Zerrspiel ausartet. Ihr Welpe würde andernfalls zu stark »hochdrehen«, und dies wäre gerade für ohnehin schon temperamentvolle Welpen nicht empfehlenswert. Außerdem ist das Gebiss der Jungtiere noch sehr weich und leicht verformbar. Zerrt der Hund zu stark, besteht daher Verletzungsgefahr.

Tauschgeschäfte mit dem Hund

Üben Sie mit Ihrem Hund das Ausgeben von Gegenständen oder Futter aus dem Maul durch Tauschgeschäfte. Sobald Ihr Hund irgendetwas im Fang hält, nehmen Sie ein besonders gutes Leckerli wie Käse und halten es genau vor seine Nase. Er wird das, was er gerade im Maul hat, nun fallen lassen, um den Käse fressen zu können. In diesem Moment sagen Sie das Hörzeichen für Ausgeben, z. B. »Aus«, »Tauschen« oder »Gib's« und loben ihn. Beginnen Sie die Übung mit einfachen Gegenständen, die der Hund nicht so wichtig findet. Steigern Sie den Schwierigkeitsgrad nach und nach – bis Ihr Hund für ihn immer wichtigere Gegenstände im Tausch freigeben muss, etwa Futter, Kauknochen oder tote Mäuse.

Fleißig üben mit Welpen: Wir empfehlen Ihnen dringend, diese Übung intensiv mit dem Welpen zu trainieren. Gerade junge Hunde sind die reinsten Müllschlucker. Aus lauter Neugier sammeln sie alles auf, was sie auf dem Weg finden.

4. Trockenübung mit der Schleppleine

Die vierte Übung dieser Woche machen Sie ganz allein ohne Ihren Hund. Suchen Sie sich einen Baum oder eine unbesetzte Parkbank, an der Sie Ihren Hund anleinen. Während er seine wohlverdiente Pause genießt, haben Sie beide Hände für die Trockenübung mit der Schleppleine frei.

Ziel: Bei dieser Übung lernen Sie, mit der langen Leine oder Schleppleine umzugehen: Wie wickelt man sie auf? Wie holen Sie mit ihrer Hilfe den Hund zur Not heran?

Hintergrund: Die Schleppleine oder lange Leine ist ein wertvolles Hilfsmittel. Solange Ihr Hund noch nicht sicher auf Rückruf kommt, jagt, hinter Joggern und Radfahrern herläuft oder zu anderen Hunden rennt, kommen Sie ohne die Schleppleine nicht aus. Jagen oder zu anderen Hunden zu rennen ist für Hunde eine extrem selbstbelohnende Tätigkeit. Wenn Sie Ihren vierbeinigen Freund im Training nicht daran hindern, werden Sie bei seiner Erziehung keinen Erfolg haben. Aus diesem Grund setzen wir die Schleppleine ein. Da der Umgang mit einem derart langen Seil nicht ganz einfach ist, üben wir dies zunächst ohne Hund.

Unsere Trainingsleitung – Schritt für Schritt

Handwerkszeug: Sie benötigen eine fünf bis zehn Meter lange Leine (siehe Seite 16) sowie einen Stoffhund oder anderen Gegenstand als »Hunde-Dummy«.

Die Übungsschritte:

1 Sie binden das Ende der Leine mit dem Karabinerhaken an einen Stoffhund oder ein robustes Hundespielzeug.

2 Jetzt nehmen Sie das andere Ende der Leine in die Hand und entfernen sich von dem Stofftier, soweit die Leine reicht.

3 Nun holen Sie die Leine ein, und zwar so, wie ein Fischer sein Netz einholen würde. Das heißt, während Sie mit der linken Hand das Ende der Leine festhalten, greifen Sie mit der rechten Hand um eine Armlänge an der Leine vor und ziehen dieses Stück zu sich heran. Dabei lässt die linke Hand das Ende der Leine einfach fallen.

4 Jetzt halten Sie mit der rechten Hand die Leine weiter fest und die linke Hand greift um eine Armlänge vor und zieht das Teilstück der Leine zu sich ein. Dabei lassen Sie wiederum das schon eingeholte Teilstück fallen.

Vermeiden Sie »Leinensalat«: Nutzen Sie Hand und Ellenbogen, um die Schleppleine in ordentliche Schlingen zu legen.

45

5 Als Nächstes ist wieder die rechte Hand an der Reihe, ein Teilstück der Leine einzuholen. Den Ablauf wiederholen Sie, bis Sie den kleinen Stoffhund zu sich herangeholt haben.

6 Um die Leine aufzuwickeln, nehmen Sie Ihr Endstück in die Hand, der Rest liegt auf dem Boden. Jetzt führen Sie die Leine zu Ihrem Ellenbogen und von dort wieder zur Hand. Mit dem nächsten Teilstück verfahren Sie genauso. Sie nutzen praktisch Hand und Ellenbogen, um die Leine in ordentliche Schlingen zu legen, damit sie sich nicht verheddert. Das Ende mit dem Karabinerhaken wickeln sie dann einfach noch einmal um die so entstandenen Schlingen herum. Auf diese Weise beugen Sie ungewollten »Verwicklungen« vor, wenn Sie die Leine irgendwo hinlegen.

Wenn es nicht klappt

Zu lange Leine: Neigt Ihr Hund dazu, sich mit der Schleppleine um Bäume herum oder im Gebüsch zu verheddern? Dann ist die Leinenlänge für den derzeitigen Ausbildungsstand Ihres Hundes noch zu lang. Nehmen Sie die Leine kürzer oder verwenden Sie zunächst eine kürzere Leine. Trainieren Sie außerdem zuerst die »Raus da«-Übung (siehe Seite 68), mit der Ihr Hund lernt, auf dem Weg zu bleiben. Auf diese Weise löst sich das Problem mit den Bäumen von selbst, denn Ihr Hund lernt, den Weg nicht zu verlassen.

Ein paar Tipps für die Praxis

▶Beherzigen Sie bitte die oberste Regel und verwenden Sie die Schleppleine nur zusammen mit einem Brustgeschirr.

▶Sollte sich die Leine einmal verheddern, entwirren Sie diese, bevor Sie sie am Hundegeschirr befestigen.

▶Verwenden Sie nie eine zu dünne Leine. Sie laufen sonst Gefahr, sich die Hände aufzuschneiden.

▶Benutzen Sie sicherheitshalber Fahrradhandschuhe. Damit haben Sie die Leine besser im Griff. Ein zusätzlicher Vorteil besteht darin, dass Sie sich die Hände nicht schmutzig machen, wenn es schlammig oder nass ist und die Leine über den Boden schleift. Sie nimmt rasch Schmutz auf, der dann ohne Verwendung von Handschuhen an Ihren Händen klebt.

▶Wenn Sie auf dem Spaziergang mit anderen Menschen (Familie, Freunde) unterwegs sind, verzichten Sie lieber auf die Übungen mit der Schleppleine. Nehmen Sie Ihren Hund an solchen Tagen besser an die kurze Leine. Es besteht sonst die Gefahr, dass sich der Hund mit der Schleppleine um eine andere Person wickelt und diese womöglich zu Fall bringt.

▶Zu Verwicklungen kann es auch kommen, wenn Sie andere Hundebesitzer mit ihren Hunden treffen und die Tiere

So soll es sein! Der Hund lässt seinen Besitzer nicht aus den Augen. Wann kommt endlich die Ermunterung zur nächsten Übung?

Aufmerksam wendet sich der Hund zu seiner Besitzerin am anderen Ende der Leine um.

miteinander spielen wollen. In solchen Fällen suchen Sie am besten ein eingezäuntes Gelände auf. Dort können die Hunde ausgiebig miteinander spielen und trotzdem nicht weglaufen. Bitte machen Sie keinesfalls die Leine ab, wenn Sie die Grundausbildung Ihres Vierbeiners noch nicht abgeschlossen haben. Viele Hunde nutzen genau solche Gelegenheiten, um auszubüxen, sei es um zu jagen oder einem vorbeikommenden Jogger oder Radfahrer hinterherzuhetzen. Damit würden Sie das gesamte bis dahin erlernte richtige Verhalten mit einem Schlag zunichte machen.

Unbequem, aber die Mühe wert: Wir wollen nichts schönreden: Die Zeit des Schleppleinentrainings wird auch für Sie eine Herausforderung sein. Denn es ist nicht sonderlich angenehm, eine womöglich schlammige, nasse Schleppleine in

der Hand zu halten. Schnell ist die Jacke verschmutzt, und man sieht aus, als wäre die Straße das eigene Zuhause. Immerhin ist es tröstlich zu wissen, dass die Zeit des Schleppleinentrainings nach wenigen Wochen vorbei ist, sofern Sie unseren Trainingsplan Schritt für Schritt konsequent beherzigen. Freuen Sie sich auf die Zeit danach: Der Lohn ist ein glücklicher, ausgeglichener Hund, der später alle Freiheiten genießen kann – eben weil er mithilfe der Schleppleine gelernt hat, zu gehorchen und in jeder Situation zuverlässig auf Ihr Signal zu Ihnen zu kommen. Ein Hund, der weder Jogger oder Radfahrer noch andere Hunde belästigt oder Wildtiere jagt – ein derart gut erzogener, freundlicher Hund ist der schönste Lohn für die anstrengende und unkomfortable Zeit mit der Schleppleine.

47

Wiederholungen in der 2. Woche

Sobald Sie die ersten beiden Übungen dieser zweiten Woche geschafft haben, empfehlen wir Ihnen, schon beim Trainingsspaziergang am folgenden Tag mit den Wiederholungen der Übungen aus der ersten Woche zu beginnen. Orientieren Sie sich dabei am Übungsfortschritt und an der Konzentrationsfähigkeit Ihres Hundes.

So klappt es: Je nachdem, wie viel Zeit Sie zum Spazierengehen mit Ihrem Hund zur Verfügung haben, legen Sie den Schwerpunkt mal auf die neuen Übungen und mal auf die Wiederholungen. Oder Sie verteilen beides gleichmäßig auf einen Spaziergang. Bitte legen Sie zwischendurch immer wieder einmal Schnüffelpausen für Ihren Vierbeiner ein und überfordern Sie ihn nicht. Während dieser Pausen belohnen Sie den Hund zwar weiterhin für jeden Blickkontakt, den er freiwillig zu Ihnen aufnimmt, ansonsten aber darf er sich in dieser übungsfreien Zeit entspannen und seinen eigenen Interessen folgen.

Ablenkung nur langsam steigern: Einige Übungen führen Sie in der zweiten Woche bereits mit leichter Ablenkung durch. Nutzen Sie dazu das, was Ihnen die Umgebung auf Ihrem Spaziergang bietet. Schnüffelt Ihr Hund beispielsweise an einem für ihn interessanten Wegrand, ohne zu stark abgelenkt zu sein? Prima, dann probieren Sie doch gleich einmal aus, ob er schon auf das Aufmerksamkeitswort unter leichter Ablenkung reagiert. Ist das der Fall: Superbingo! Dann sind Sie auf dem richtigen Weg und können in den nächsten Wochen die Ablenkung langsam Schritt für Schritt immer weiter steigern. Aber übertreiben Sie es bitte nicht. Sollte eine Übung in dieser Woche mehr als zweimal hintereinander nicht geklappt haben, gehen Sie zu einer einfacheren Schwierigkeitsstufe über. Trainieren Sie wieder auf der Mitte des Weges oder üben Sie auf asphaltierten Parkplätzen ohne ablenkende Gerüche.

1. Die Konditionierung von Lobwort und/oder Clicker

Legen Sie auf dem Spaziergang immer wieder fünfminütige Pausen ein und wiederholen Sie in dieser Zeit die Konditionierung auf das Lobwort oder den Clicker.

2. Das Aufmerksamkeitswort mit leichter Ablenkung

Für die weitere Vertiefung des Aufmerksamkeitsworts suchen Sie sich in der zweiten Woche eine leichte Ablenkung. Dies kann beispielsweise ein nahes Gebüsch sein, das einige Gerüche und Geräusche bietet, oder ein für Ihren Hund interessanter Wegrand. Sprechen Sie dann das Signal »Kuck mal« aus. Wendet sich Ihr vierbeiniger Freund daraufhin zu Ihnen um, gibt es natürlich sofort das Lobwort oder den Klick und anschließend das Leckerli.

Sagen Sie das Aufmerksamkeitssignal allerdings nur, sofern Sie sich halbwegs sicher sind, dass es auch funktioniert. Klappt

48

Auch ein rennfreudiger Windhund braucht mal eine kleine Pause. Ein Baumstamm eignet sich hervorragend, um sich auszuruhen.

Übung 2: Die Gerüche am Wegesrand sind für Ihren Hund eine verlockende Ablenkung. Wendet er sich ...

... trotzdem zu Ihnen um, wenn Sie das Aufmerksamkeitswort sagen, hat er eine Belohnung verdient.

die Übung mehrmals hintereinander nicht, ist die verwendete Ablenkung schon zu stark. Reduzieren Sie sie in solchen Fällen die Ablenkung und suchen Sie mit dem Hund etwa einen Bereich mit weniger starken Gerüchen auf – das kann schon auf der Mitte eines Weges der Fall sein. Steigern Sie die Ablenkung wirklich nur in ganz kleinen Schritten.

Für Welpen ungeeignet: Wir empfehlen Ihnen, diese Übung unter Ablenkung lieber noch ein wenig zu verschieben und sie nicht mit Ihrem Hundekind zu trainieren. Üben Sie stattdessen auch in der zweiten Woche möglichst ohne Ablenkung.

3. Die Konditionierung des Rückrufsignals

Üben Sie den Rückruf mit dem Wort »Hier« nochmals nach dem gleichen Muster wie in der vorigen Woche. Das heißt, Sie konditionieren das Rückrufwort weiter ohne sonderliche Ab-

lenktug – entweder in der Wohnung, im Garten oder auf dem Rückweg einer für den Hund möglichst bekannten Wegstrecke. Sie sollten allerdings immer wieder einmal den Ort wechseln, an dem Sie diese Übung durchführen.

4. Weiter an das Auflösesignal denken

Bitte denken Sie weiterhin daran, dass Sie jede Übung auch auflösen müssen! Das geschieht am Anfang direkt nachdem Ihr Hund die Belohnung erhalten hat, immer bevor der Hund die Übung selbst beendet. Später lernen Sie, wie Sie Ihrem Hund beibringen, bestimmte Signale, wie z.B. das »Sitz« auch länger auszuführen.

Wichtig für Welpen: Da Welpen noch sehr ungeduldig sind, achten Sie besonders darauf, die Belohnung schnell zu geben. Lösen Sie anschließend sofort das jeweilige Signal auf.

49

Das Programm für die 3. Woche

Mit den Wiederholungen der letzten Wochen stehen insgesamt zehn Übungen auf dem Trainingsplan. Den besten Erfolg erzielen Sie, wenn Sie die neuen Übungen und die Wiederholungsübungen abwechselnd trainieren. Als Erstes ist die »Fuß-Übung« an der Reihe, die Ihrem Hund einiges an Konzentration abverlangt. Beginnen Sie sie deshalb erst, nachdem Ihr Hund auf dem ersten Wegstück schon etwas Zeit zum Schnuppern hatte und sich lösen konnte.

1. Die Übung »Fuß«

In dieser Woche sollte es schon möglich sein, Ihren Hund mit Brustgeschirr an der vier Meter langen Schleppleine laufen zu lassen. Nach den ersten zehn Minuten Ihres Spaziergangs nehmen Sie eine kurze Leine und klinken diese in sein Halsband ein. Sie ist für diese Übung einfach praktischer. Nutzen Sie das nächste ruhige Wegstück ohne viel Ablenkung, um nun mit der »Fuß«-Übung zu beginnen.

Ziel: Der Hund soll an Ihrer linken Seite an lockerer Leine neben Ihnen laufen und Sie dabei anschauen.

Zweck: Mit dieser Übung kommen Sie auf den Spaziergängen bzw. im Alltag leichter an allen erdenklichen Ablenkungen vorbei. Außerdem können Sie Ihren vierbeinigen Freund durch das »Fußgehen« sehr gut beschäftigen und gleichzeitig dabei seine Konzentrationsfähigkeit fördern.

Hintergrund: Bei Begegnungen mit anderen Hunden entstehen beispielsweise oft Probleme, weil sich die Tiere gegenseitig anstarren. Hunde interpretieren den direkten Blick in die Augen als Drohverhalten. Solche häufig gezeigten Provokationen können in der Folge leicht zu aggressivem Verhalten an der Leine führen. Hat Ihr Hund aber gelernt, »Fuß« zu gehen und dabei den Blickkontakt zu Ihnen zu halten, verlaufen derartige Begegnungen selbst auf schmalen Wegen viel entspannter – und damit auch Ihr Spaziergang. Ebenso praktisch ist diese Übung bei Begegnungen mit Radfahrern oder Joggern. Schaut Ihr Hund Sie beim »Fußgehen« an, wird er nicht so schnell verleitet, hinter einem Radfahrer oder Jogger herzulaufen.

Signale: Verwenden Sie die Hörzeichen »Fuß«, »Links« oder »Heel«. Als Handzeichen halten Sie gleichzeitig die linke Hand vor den Körper als Hilfssignal, das Sie später allerdings wieder abbauen können.

Unser Trainingsrezept – Schritt für Schritt

Handwerkszeug: Sie benötigen Leckerlis und einen Leckerlibeutel, ein Halsband sowie eine kurze, am besten verstellbare Leine von ein bis zwei Metern Länge.

Das kann Ihr Hund schon: Das Lobwort sollte bereits konditioniert sein.

Die Übungsschritte: Die »Fuß«-Übung führen Sie auf dem Spaziergang immer dann durch, wenn es in der jeweiligen Situation sinnvoll erscheint – also bei Begegnungen mit anderen Menschen oder sonstiger Ablenkung, beim Überqueren von Straßen und prinzipiell vor allen unübersichtlichen Wegbiegungen. Wiederholen Sie diese Übung zu Trainingszwecken zwischendurch auch immer wieder einmal im Wald oder auf einem Feld, wenn keine Ablenkung in Sicht ist.

1 Ihr Hund steht angeleint an der kurzen Leine in Ihrer unmittelbaren Nähe. Sie nehmen die Leine in die rechte und ein paar Leckerlis in die linke Hand. Die Leine sollte leicht durchhängen. Nun führen Sie die Hand mit den Leckerlis in die Nähe der Hundeschnauze und machen Ihren Hund auf diese Weise aufmerksam. Stellen Sie sich vor, das Futter in Ihrer Hand sei ein Magnet und die Hundenase magnetisch.

2 Nun gehen Sie einen Schritt zurück und lassen den Hund der Hand mit den Leckerlis folgen. Folgt er Ihnen mit der Nase an Ihrer Hand, dann drehen Sie sich mit Ihrer linken Seite zum Hund hin – und zwar in Laufrichtung Ihres Hun-

des. So stehen Sie beide automatisch in der gleichen (Blick-) Richtung. Jetzt machen Sie gemeinsam mit dem Tier an Ihrer linken Seite einen Schritt nach vorne. Folgt Ihr Hund Ihnen aufmerksam an der Seite, sagen Sie das Lobwort und geben ihm anschließend ein Leckerli. Danach beenden Sie die Übung mit dem Auflösesignal. Diesen Schritt wiederholen Sie so lange, bis Ihr Hund flüssig an Ihre linke Seite kommt und Ihrem Schritt nach vorne folgt.

3 Mit den Leckerlis in Ihrer linken Hand locken Sie den Hund wieder an Ihre linke Seite. Eventuell können Sie den Rückwärtsschritt zu Beginn nun schon weglassen, um den Hund an Ihrer linken Seite zu platzieren. Dieses Mal gehen Sie mit dem Tier zwei Schritte nach vorne. Noch während des Laufens sagen Sie am Ende des zweiten Schritts das Lobwort und belohnen Ihren Hund mit einem Leckerli. Danach geben

Zuerst gehen Sie einen Schritt zurück und locken den Hund dabei. Folgt er, so beginnen Sie mit der Körperdrehung.

Sie drehen sich mit der linken Schulter in die Laufrichtung des Hundes und gehen gemeinsam mit ihm einen Schritt vorwärts.

51

Sie ihn mit dem Auflösesignal wieder frei. Dies wiederholen Sie etwa fünf Mal. Sprich: Sie gehen so lange jeweils nur zwei Schritte mit dem Hund an Ihrer linken Seite vorwärts, bis der Hund Ihnen diese zwei Schritte aufmerksam folgt.

4 Sie platzieren den Hund wieder an Ihrer linken Seite. Allerdings gehen Sie jetzt drei Schritte ohne Unterbrechung vorwärts. Entsprechend bekommt Ihr Hund nun erst beim dritten Schritt das Lobwort und ein Leckerli aus Ihrer Hand – natürlich nur, wenn er dann gerade aufmerksam ist. Darauf folgt das Auflösesignal. Anschließend wiederholen Sie die Übung so lange, bis der Hund es schafft, diese drei Schritte flüssig und aufmerksam neben Ihnen herzulaufen.

So geht's weiter: In den folgenden Übungstagen, verlängern Sie diese Übung Schritt für Schritt auf jedem Spaziergang. Dazu suchen Sie sich stets ein Wegstück aus, das möglichst keine oder nur sehr wenig Ablenkung bietet. Achten Sie darauf, dass Sie genau in dem Moment das Lobwort aussprechen, in dem der Hund Sie beim Laufen an Ihrer linken Seite aufmerksam anschaut.

Tipp: Üben Sie ohne den Hund, mehrere Leckerlis in der Hand zu halten, diese aber nur einzeln frei zu geben, ohne dass Ihnen die Leckerlis aus der Hand fallen. Nehmen Sie wirklich nur kleine, weiche Leckerlis, die Ihr Hund nicht kauen muss. Sonst bleibt er stehen, um zu kauen, und unterbricht so die Übung.

Wenn es nicht klappt

Sie sind zu ungeduldig: Der häufigste Fehler ist, zu schnell vorzugehen. Das heißt, zu schnell zu viele Schritte ohne Belohnung von Ihrem Hund zu verlangen. Dabei besteht die Gefahr, dass Ihr Hund schnell unaufmerksam wird und anfängt, an der Leine zu ziehen. Verlängern Sie deshalb die mit dem Hund gelaufene Strecke wortwörtlich Schritt für Schritt.

Belohnen Sie am Anfang häufig – erst recht, falls Ihr Hund sich sehr leicht von anderen Dingen ablenken lässt.

Der Hund ist zu gierig: Ihr Vierbeiner läuft nicht neben Ihnen, sondern fängt stattdessen zu springen an, um an die Leckerlis in Ihrer Hand zu gelangen? Kein Problem. Lassen Sie die Hand einfach fest geschlossen. Sobald er es schafft, mit allen vier Pfoten auf dem Boden einen Schritt neben Ihnen zu laufen, geben Sie ihm das Leckerli.

Für Welpen geeignet

Sie können die Übung auch schon mit Ihrem Welpen beginnen. Bitte beachten Sie dabei aber, dass sich Ihr Welpe noch nicht allzu lange konzentrieren kann. Üben Sie aus diesem Grund über mehrere Tage hinweg zunächst nur die ersten beiden Schritte. Anschließend beginnen Sie mit Schritt 3, nach einigen weiteren Tagen schließlich Schritt 4.

Pausen gewähren

Haben Sie nun bereits eine Weile das Fußgehen geübt? Dann gönnen Sie Ihrem Hund ruhig einmal eine etwas längere Schnüffel- und Laufpause an der Schleppleine.

2. Die Übung »Platz«

Ziel: Der Hund soll sich auf Signal hinlegen.

Zweck: Diese Übung ist sehr praktisch. Sie können sie in vielen unterschiedlichen Situationen anwenden und Ihren Hund damit gewissermaßen an einem bestimmten Ort »parken«.

Hintergrund: Ein gut aufgebautes »Platz«-Signal dient unter anderem der Kontrolle Ihres Hundes in allen denkbaren Situationen. Ein Beispiel: Sie möchten jemanden begrüßen, an dem der Hund nicht schnüffeln soll. Sie legen also Ihren Hund ins »Platz« und können sich danach Ihrem Bekannten in Ruhe widmen.

Signale: Als Hörzeichen sagen Sie »Platz«, und als Handzeichen halten Sie die flache Hand waagerecht. Der Hund lernt »Platz« auf Hörzeichen wie auch auf Handzeichen auszuführen. Später lernt er, das Signal ebenfalls auf Entfernung zu befolgen und längere Zeit an einem Ort liegen zu bleiben.

Unser Trainingsrezept – Schritt für Schritt

Handwerkszeug: Sie benötigen Leckerlis, einen Leckerlibeutel, eine etwa zwei Meter lange Leine sowie ein Halsband oder ein Brustgeschirr.

Das kann Ihr Hund schon: Das Lobwort sollte bereits konditioniert sein und die Übung »Sitz« sollte schon funktionieren.

Die Übungsschritte: Diese Übung sollten Sie gerade zu Beginn auf einem trockenen Wiesen- oder Waldweg durchführen, also auf Spaziergängen an Tagen ohne regen- oder taunassem Boden. Vermeiden Sie auch steinige Wegränder und solche mit stachligem oder pieksendem Untergrund – kurz alle Untergründe, auf denen sich Ihr Hund nicht freiwillig hinlegen würde. Für den Trainingserfolg ist es sehr wichtig, dass sich Ihr Hund an der Stelle, an der Sie mit ihm das »Platz«-Signal einüben möchten, wirklich wohlfühlt.

1 Sie bringen Ihren Hund mit einem Leckerli ins »Sitz«. Verwenden Sie dabei aber nicht das Signal »Sitz«. Sie werden das Signal bei dieser Übung nämlich anschließend nicht auflösen. Das »Sitz« dient lediglich als Ausgangsposition für die weiteren Schritte.

2 Als Nächstes nehmen Sie ein Leckerli in die Hand und klemmen es mit dem Daumen unter die waagerecht gehaltene Handfläche. So bauen Sie an dieser Stelle schon das Handzeichen (waagerecht gehaltene flache Hand) mit ein. Gehen Sie nun vor dem sitzenden Hund in die Hocke.

3 Jetzt halten Sie die Hand mit dem Leckerli in die Nähe der Hundenase und bewegen anschließend die Handfläche

Halten Sie das Leckerli in Ihrer waagerecht gehaltenen Hand genau vor die Nase des sitzenden Hundes.

Dann führen Sie Ihren Vierbeiner mit der Hand und darin verstecktem Leckerli nach unten, bis er im »Platz« liegt.

53

langsam nach unten. Ihr Hund sollte der Hand mit dem Leckerli nach unten folgen, bis er von ganz allein in die liegende Position kommt. Liegt er, sagen Sie sofort das Lobwort und geben das Leckerli aus der Hand frei. Diesen Schritt wiederholen Sie ungefähr fünf Mal.

4 Jetzt wiederholen Sie Schritt 3 mit einem Unterschied: Bevor Sie den Hund mit der flachen Hand nach unten führen, gehen Sie selbst nicht mehr ganz so tief in die Hocke. Von Mal zu Mal richten Sie sich weiter auf, bis Sie das Handzeichen für »Platz« im Stehen geben können. Wechseln Sie dabei auch die Hand, aus der Sie das Leckerli geben – und zwar so, dass Sie nach zirka zehn Übungsdurchgängen kein Leckerli mehr in der signalgebenden Hand zum Locken haben.

5 Führen Sie nun das Hörzeichen ein. Sobald Sie die vorhergehenden Schritte mehrmals erfolgreich durchgeführt haben, sagen Sie von nun an das Hörzeichen »Platz«, jeweils kurz bevor Sie das Handzeichen geben.

Tipp: Bei manchen Hunden klappt die Übung noch schneller und besser, wenn Sie den Hund unter einem quer gelegten Ast oder Besenstiel hindurchlocken.

Wenn es nicht klappt

Unangenehmer Untergrund: Manche Hunde legen sich nicht gerne hin. Hunde mit wenig Fell am Bauch finden es z. B. oft unangenehm, sich auf einen kalten oder gar feuchten Boden zu legen. Zeigt Ihr Hund eine solche Abneigung, üben Sie mit ihm zunächst zu Hause auf dem Teppichboden. Sobald die Übung dort klappt, können Sie das Training nach draußen verlegen und auf einer Hundedecke weiterüben. Hat sich Ihr Hund daran gewöhnt, führen Sie die Übung als nächsten Schritt auf weichem, trockenen Gras oder Laub durch. Wählen Sie dazu eine Wiese, an der Sie auf Ihrem Spaziergang vorbeikommen, oder einen laubbedeckten Waldweg. Als nächste Steigerung probieren Sie dann einmal einen leicht feuchten Boden als Untergrund für die Übung aus.

Wichtig: Bitte drücken Sie niemals auf den Rücken oder das Hinterteil Ihres Hundes! Es würde ihn nur von dem eigentlichen Hand- und Hörzeichen ablenken, sodass er die Übung nicht versteht. Außerdem empfinden Hunde den Druck auf das Hinterteil allgemein als unangenehm. Eine Folge davon könnte sein, dass Ihr Hund die »Platz«-Übung später nicht gerne ausführt.

Für Welpen geeignet

Gehen Sie auch mit Ihrem Welpen genau wie oben beschrieben vor. Halten Sie dabei die Übungseinheiten aber kürzer, denn Ihr Welpe kann sich noch nicht so lange konzentrieren. Seien Sie geduldig mit Ihrem Welpen und üben Sie zusätzlich auch mal öfter (ganz ohne Ablenkung) zu Hause.

Hunde können, genau wie Menschen, in jedem Alter noch neue Dinge lernen. Wichtig ist, dass sie Spaß daran haben.

3. Das Abbruchsignal

Diese Übung ist wieder recht anspruchsvoll, daher sollten Sie sie frisch und konzentriert an einem neuen Tag beginnen.

Ziel: Der Hund soll sofort mit dem aufhören, was er gerade macht – egal, was dies ist.

Zweck: Das Signal hindert den Hund daran, unerwünschte Verhaltensweisen zu zeigen, oder es veranlasst ihn dazu, diese abzubrechen. Mit dem Signal wird beispielsweise das Fressen von Unrat unterbunden oder der Hund wird davon abgehalten, etwas vom Tisch zu klauen, die Teppichfransen zu zerkauen usw. Die Liste kann beliebig fortgesetzt werden.

Hintergrund: Viele Hundebesitzer benutzen im Umgang mit ihrem Tier sehr oft und bei allen Gelegenheiten das Wort »Nein« – jedoch ohne dem Hund vorher dessen Bedeutung beigebracht zu haben. Dementsprechend schlecht funktioniert dieses Wort dann auch als Abbruch- oder Unterbrechungssignal. Der Hund hat meist nur eine diffuse oder gar keine Vorstellung davon, was dieses Wort wohl bedeuten könnte, und reagiert entsprechend nicht darauf.

Signale: Verwenden Sie als Hörzeichen die Worte »Nein«, »No«, »Off«, »Stopp« oder »Lass es«.

Unser Trainingsrezept – Schritt für Schritt

Handwerkszeug: Sie benötigen Leckerlis – wählen Sie bei sehr »verfressenen« Hunden zunächst nicht besonders attraktive, später dann immer bessere. Ebenso brauchen Sie eine anfangs etwa zwei Meter lange Leine, die später auch länger sein kann, sowie ein Halsband oder Brustgeschirr.

Das kann Ihr Hund schon: Das Lobwort sollte bereits konditioniert sein.

Die Übungsschritte: Das Abbruchwort funktioniert am besten, wenn Sie es just in dem Moment sagen, in dem Ihr Hund gerade kurz davor ist, etwas Verbotenes zu tun. Sie müssen

Sagen Sie das Abbruchwort und schließen Sie gleichzeitig die Hand zur Faust. Ihr Hund kommt so nicht an das Leckerli.

also Ihre Beobachtungsgabe und Reaktionszeit schulen – und rechtzeitig das Abbruchwort sagen. Nehmen wir einmal an, Ihr Hund fixiert einen Hasen. In einer solchen Situation nutzt es nichts mehr, »Nein« zu rufen, sobald Ihr Hund schon durchgestartet ist und Meister Lampe hinterherjagt. Anderes Beispiel: Stellen Sie sich vor, Ihr Hund schickt sich gerade an, jemandem das Brötchen vom Frühstücksteller zu klauen. Hat er das Brötchen erst im Maul und kaut, kam Ihr Abbruchwort eindeutig zu spät. In beiden Fällen hatte Ihr Hund seinen Spaß, sodass ihn das Abbruchwort nicht mehr interessiert. Werfen Sie die Flinte trotzdem nicht ins Korn. Auch wenn es zunächst schwierig klingt, immer den richtigen Augenblick abzupassen: Ihre Chancen stehen gut, wenn Sie frühzeitig eingreifen. Sehen Sie es als kleinen täglichen Wettbewerb mit Ihrem Vierbeiner: Je aufmerksamer Sie Ihren Hund beobachten, desto früher erkennen Sie, was er als Nächstes vorhat. Beim unerwünschten Jagdverhalten beispielsweise fixieren Hunde Ihre potenzielle Beute zunächst. Das ist Ihre Chance, denn genau dieses Anstarren müssen Sie abbrechen, bevor Ihr Hund tatsächlich lossprintet.

1 Am besten binden Sie Ihren Hund an einem Baum fest, so haben Sie beide Hände für die Übung frei. Bei den folgenden Schritten ist wichtig, dass Ihr Hund kein zusätzliches Signal wie etwa »Sitz« erhält. Vielmehr darf er sich seine Körperposition selbst aussuchen.

2 Legen Sie nun ein Leckerli auf die flache Hand und lassen Sie es den Hund fressen. Wichtig ist hierbei, dass Sie ihm das Leckerli wie auf einem Teller präsentieren. Nur dass in diesem Fall Ihre Hand den Teller ersetzt. Legen Sie jeweils nur ein Leckerli auf Ihre Hand.

3 Dies wiederholen Sie mehrere Male. Sie geben also ungefähr fünfmal dem Hund jeweils ein Leckerli auf der flachen Hand zum Fressen.

4 Anschließend nehmen Sie wieder ein Leckerli auf die flache Hand und zeigen es dem Hund. Jedoch sagen Sie jetzt das Abbruchwort, z. B. »Nein«. Schließen Sie dabei sofort die Hand, noch bevor der Hund das Leckerli fressen kann. Natürlich wird Ihr Hund alles versuchen, trotzdem an das Futter heranzukommen. Bleiben Sie dennoch standhaft und ignorieren Sie sein Drängen. Wiederholen Sie auch nicht das Signal. Warten Sie stattdessen geduldig ab. Je nach Charakter und Temperament Ihres Hundes kann es einige Minuten dauern, bis er aufgibt, an das Futter in Ihrer Faust zu gelangen. Sobald Ihr Hund nach einiger Zeit kurz von Ihrer Hand ablässt, sagen Sie sofort das Lobwort. Öffnen Sie dabei die Hand und geben Sie ihm nun das Leckerli.

5 Anschließend bekommt der Hund wieder einige Leckerlis geschenkt. Legen Sie abermals ein einzelnes Leckerli auf

Ihre flache Hand und lassen Sie es den Hund fressen. Dies wiederholen Sie einige Male.

6 Danach gehen Sie wieder genau wie in Schritt 4 vor. Wieder präsentieren Sie Ihrem Hund das Leckerli auf der flachen Hand und sagen das Abbruchsignal. Wieder belohnen Sie ein kurzes Abwenden oder Ablassen von Ihrer Hand.

7 Schenken Sie Ihrem Hund einzelne Leckerlis auf der flachen Hand, wie in Schritt 5 beschrieben.

8 Nach dem dritten oder fünften (bitte immer variieren) Leckerli geben Sie wieder das Abbruchsignal. Lassen Sie dieses Mal Ihre Hand dabei offen. Sofern Ihr Hund schon begriffen hat, was das Abbruchwort bedeutet, sollte er jetzt nicht weiter versuchen, an das Futter zu kommen, obwohl es offen auf Ihrer Hand liegt. Meistert Ihr Hund diese Herausforderung, loben Sie ihn und geben ihm das Leckerli aus der Hand. Schafft er es noch nicht, das Leckerli auf Ihrer Hand liegen zu lassen, dann gehen Sie einige Übungsschritte zurück.

Wichtige Schritte zum Erfolg

▶ Manche Hunde versuchen immer noch, das Leckerli trotz erteilten Abbruchsignals aus der Hand zu stibitzen. In diesem Fall müssen Sie schnell reagieren und die Hand wieder schließen, bevor der Hund das Leckerli fressen kann. Wiederholen Sie in solchen Fällen noch mehrmals Schritt 4, bevor Sie weiter fortfahren.

▶ Sagen Sie das Abbruchwort »Nein« bitte in einer möglichst neutralen Betonung. Allerdings sollte es sich in der Betonung vom Wort »Fein« deutlich unterscheiden, wenn Sie dieses als Lobwort verwenden. Damit vermeiden Sie Missverständnisse. Sprechen Sie das Abbruchwort so aus, als sei es mit einem Ausrufezeichen versehen, allerdings nicht sonderlich laut. Ihr Hund soll später ja auch auf ein normal ausgesprochenes »Nein« reagieren.

▶ Bedrängt Ihr Hund Sie stark, wenn Sie das Futter in der geschlossenen Hand halten, dann führen Sie die Übung mit dem angeleinten Hund durch. Gehen Sie einfach immer wieder aus seiner Reichweite heraus, wenn er zu heftig wird.

▶ Manchen Hunden fällt es sehr schwer, sich vom Futter in Ihrer Hand abzuwenden. Gehen Sie bei solchen Hunden in winzig kleinen Schritten vor. Hält der Vierbeiner etwa beim Versuch, das Leckerli trotz geschlossener Hand und zuvor ausgesprochenem Abbruchsignal zu bekommen, ganz kurz inne? Dann belohnen Sie sein Zögern. Sagen Sie sofort das Lobwort und geben Sie das Leckerli frei. Nehmen Sie bei solchen Hunden anfangs nicht allzu attraktive Leckerlis.

Tipp: Eine besonders schöne Variante dieser Übung ist, wenn Ihr Hund lernt, sich nicht nur von dem verbotenen Futter abzuwenden, sondern Sie stattdessen anzuschauen. Nutzen Sie dabei jeden noch so flüchtigen Blickkontakt zwischen Ihnen und Ihrem Hund für ein Lobwort oder Klick. Natürlich mit anschließender Futterbelohnung.

Für Welpen geeignet

Das Abbruchsignal ist eine sehr wichtige Übung für Ihren Welpen. Gerade sehr junge Hunde neigen dazu, alles Mögliche zu fressen, was auf dem Spazierweg liegt, oder auch sonst allerlei Blödsinn zu machen. Allerdings gilt besonders beim Welpen die Devise: dem Fehlverhalten vorbeugen. Versuchen Sie, das Abbruchsignal so wenig wie möglich zu verwenden. Ein Beispiel: Sie steuern während Ihres Spaziergangs auf einen Haufen Pferdeäpfel zu. Lenken Sie Ihren Welpen in einer solchen Situation mit Leckerlis in der Hand ab, bevor Sie diese aus seiner Sicht spannenden Hinterlassenschaften erreichen. Später können Sie die »Fuß«-Übung einsetzen und so die Pferdeäpfel umgehen, ohne dass Ihr Welpe auch nur versucht, eine dieser »Köstlichkeiten« zu ergattern.

4. Die Übung »Sitz-bleib«

Ziel: Der Hund lernt, eine längere Zeit an einem Ort sitzen zu bleiben, auch wenn Sie sich von ihm entfernen. Er bleibt so lange in dieser Position, bis er von Ihnen ein neues Signal erhält oder Sie die Übung auflösen.

Zweck: Diese Übung ist im Alltag sehr praktisch. Lernt Ihr Hund, an einem bestimmten Platz sitzen zu bleiben, können

Abbruchsignal verstanden: Der Hund schaut seine Besitzerin an und nimmt das offen auf der Hand liegende Leckerli nicht.

57

Sie sich auch einmal kurz von ihm entfernen, ohne ihn anleinen zu müssen. Wir empfehlen Ihnen allerdings, Ihren Hund dabei immer im Blickfeld zu behalten.

Hintergrund: Wer kennt das nicht: Viele Hunde beherrschen zwar ein »Sitz« oder »Platz«, sie setzen und legen sich auch zuverlässig kurzfristig hin. Aber sobald Herrchen oder Frauchen in irgendeiner Form abgelenkt sind, steht der Hund

Ist der Hund sitzen geblieben, obwohl Sie sich entfernt haben, kehren Sie sofort zurück und geben ihm die Belohnung.

sofort auf – etwa wenn Sie sich mit jemandem unterhalten wollen oder sich kurz entfernen. Es gibt viele Situationen, in denen es praktisch ist, wenn Sie Ihren Hund kurzfristig absetzen können, z. B. wenn Sie beim Einkaufsbummel ein Geschäft besuchen und sich dort in Ruhe etwas ansehen möchten. Sobald Ihr Hund »Sitz-bleib« beherrscht, muss er nicht ständig an Ihrer Seite bleiben. Manchmal ist es in Geschäften auch einfach zu eng. Suchen Sie sich in solchen Fällen eine ruhige Ecke im Laden, die Sie aber jederzeit im Blick behalten müssen. Geben Sie Ihrem Hund dort das »Sitz«-Signal. Danach können Sie in Ruhe bummeln, und der Hund muss sich nicht durch enge Ladengänge zwängen.

Signale: Wir nennen diese Übung zwar »Sitz-bleib«, verwenden aber kein zusätzliches Signal für »bleiben«. Die Signale sind dieselben wie beim »Sitz«: als Handzeichen die Hand mit dem erhobenem Zeigefinger« und als Hörzeichen das Wort »Sitz«. Ihr Hund lernt, dass die Übung so lange gilt, bis er das Auflösesignal bekommt. Aus diesem Grund ist kein zusätzliches Signal nötig.

Unser Trainingsrezept – Schritt für Schritt

Handwerkszeug: Sie benötigen Leckerlis und einen Leckerlibeutel, eine etwa zwei bis fünf Meter lange Leine sowie ein Halsband oder Brustgeschirr.

Das kann Ihr Hund schon: Das Lobwort sollte bereits konditioniert sein, und die Übung »Sitz« sollte zuverlässig auf Signal klappen.

Die Übungsschritte:

1 Der Hund steht vor Ihnen, Sie geben ihm das Signal »Sitz«. Sobald der Hund sitzt, gehen Sie einen Schritt rückwärts vom sitzenden Hund weg und anschließend sofort wieder zum Hund zurück. Nun sagen Sie das Lobwort. Danach greifen Sie in den Futterbeutel, um ein Leckerli herauszuholen und es Ihrem Hund zu geben. Hat Ihr Hund das Leckerli genommen, geben Sie das Auflösesignal. Darauf sollten Sie übrigens achten: Halten Sie das Leckerli bei dieser Übung nicht in der Hand, sondern holen Sie es erst nach dem Aussprechen des Lobworts aus der Tasche.

2 Sie wiederholen Schritt 1 mehrmals. Dabei gehen Sie, wie oben beschrieben, immer nur einen Schritt weg und wieder zurück. Nach dem Auflösesignal wechseln Sie den Ort und wiederholen die Übung an drei verschieden Orten.

3 Lassen Sie Ihren Hund wiederum vor Ihnen »Sitz« machen. Anders als bisher gehen Sie dieses Mal allerdings zwei Schritte vom Hund weg und anschließend sofort wieder zurück. Ist Ihr Hund sitzen geblieben, bekommt er sein Lobwort. Anschließend holen Sie, wie in Schritt 1 beschrieben, das Leckerli aus der Tasche.

4 Verfahren Sie genauso, wie zuvor beschrieben, nur entfernen Sie sich jetzt drei Schritte vom sitzenden Hund.

So geht's weiter: Bei jedem weiteren Übungsdurchgang gehen Sie Schritt für Schritt weiter von Ihrem Hund weg. Anschließend kehren Sie immer wieder sofort zu ihm zurück und belohnen ihn. Die Zeitspanne, die Sie sich von Ihrem Hund entfernen, wird in einer späteren Übung verlängert.

Wenn es nicht klappt

Zu viel verlangt: Gerade am Anfang kann es passieren, dass Ihr Hund aufsteht oder Ihnen sogar entgegenläuft, noch bevor Sie wieder zu ihm zurückgekehrt sind. Sollte dies passieren, ist das ein deutliches Zeichen dafür, dass Sie Ihren Hund in dem Moment überfordert haben oder die Ablenkung in der Trainingsumgebung zu groß ist. Bringen Sie Ihren Vierbeiner in solchen Fällen kommentarlos an den Ausgangspunkt zurück und wiederholen Sie die Übung. Um Ihrem Hund die Übung zu erleichtern, reduzieren Sie jetzt allerdings den Schwierigkeitsgrad und entfernen sich mindestens einen Schritt weniger weit vom Hund.

Nicht das falsche Verhalten belohnen: Ganz wichtig ist es, zu vermeiden, dass Ihr Hund während dieser Übung mehrmals hintereinander aufsteht. Denn durch Ihre darauf folgende Reaktion bekommt er Aufmerksamkeit für das falsche Verhalten – nämlich dafür, dass er aufgestanden ist – und nicht für das richtige Verhalten, das »Sitzenbleiben«. Da Ihre Aufmerksamkeit auf den Hund belohnend wirkt, verstärken Sie unbeabsichtigt das falsche Verhalten.

Auf die Leckerlis fixiert: Falls Ihr Hund immer aufspringt, sobald Sie sich auch nur ein kleines Stück weit von ihm entfernen, kann dafür noch ein weiterer Grund verantwortlich sein: Ihr vierbeiniger Freund ist zu sehr auf die Leckerlis in Ihrer Tasche fixiert. Achten Sie deshalb darauf, dass Sie beim Rückwärtsgehen keine Hand in der Tasche oder im Leckerlibeutel haben. Greifen Sie immer erst in den Beutel, wenn Sie direkt vor dem Hund stehen.

Zu arg bedrängt: Manch ein Hund springt auch auf, wenn Sie sich ihm beim Zurückgehen zu sehr nähern, ihm also gewissermaßen zu dicht aufs Fell rücken. Sollte Ihr Hund mehrmals aufspringen, wenn Sie zurückkommen, achten Sie bitte auf einen größeren (Mindest-) Abstand zum Hund. Vermeiden Sie unbedingt auch eine nach vorne gebeugte Körperhaltung beim Zurückkommen, damit sich Ihr Hund nicht von Ihnen bedrängt fühlt.

Für Welpen noch nicht geeignet

Wir empfehlen, die »Sitz-bleib«-Übung in dieser Woche noch nicht mit Ihrem Welpen durchzuführen. Beginnen Sie damit zu einem späteren Zeitpunkt. In dieser Woche reicht es aus, wenn Sie mit dem Welpen das Sitzen ohne Ablenkung an mehreren unterschiedlichen Orten üben.

Wiederholungen in der 3. Woche

Auch in der dritten Woche stehen einige Wiederholungsübungen auf dem Plan. Am besten lassen Sie diese immer wieder einfließen, sobald sich entsprechende Gelegenheiten bieten.

1. Die Konditionierung von Lobwort und/oder Clicker

Trainieren Sie weiterhin die Konditionierung des Lobworts und Clickers in bestimmten Abständen. Dabei sollte sich der Hund in Ihrer unmittelbaren Nähe befinden – ohne große Ablenkung in der Umgebung. Variieren Sie die Übung: Führt Sie etwa Ihr Spazierweg an einer Parkbank vorbei, üben Sie die Konditionierung mit Ihrem Hund im Sitzen. So können Sie sich ein wenig ausruhen, und Ihr Vierbeiner lernt, dass sich die Signalbedeutung nicht ändert, sobald Sie eine andere Position einnehmen. Anschließend setzen Sie Ihren Spaziergang fort.

Tipp: Spricht Ihr Hund draußen nicht so gut auf Ihre gewöhnlichen Leckerlis an, verwenden Sie zur Konditionierung ruhig auch weiterhin besonders schmackhafte Häppchen.

2. Das Aufmerksamkeitswort mit größerer Ablenkung

In der vergangenen Woche haben Sie das Aufmerksamkeitswort mit leichter Ablenkung, etwa durch Gerüche am Wegesrand, geübt. In dieser Woche können Sie die Ablenkung weiter steigern. Geben Sie jetzt das Signal, wenn Ihr Hund etwas Interessantes sieht – beispielsweise einen Vogel auf dem Weg, einen Hasen auf einem Acker oder eine Kuh auf einer Wiese, je nachdem, wofür sich Ihr Hund interessiert. Klappt es einmal nicht, verlangen Sie eventuell schon zu viel von Ihrem Vierbeiner. In diesem Fall sollten Sie ein, zwei Übungsschritte zurückgehen und zunächst erneut mit weniger Ablenkung trainieren. Üben Sie das Aufmerksamkeitswort prinzipiell immer wieder einmal mit und einmal ohne Ablenkung.

3. Die Rückrufübung mit und ohne Hilfsperson

Für die Fortsetzung der Rückrufübung gibt es zwei Möglichkeiten, die Sie entweder alternativ oder abwechselnd trainieren können – nämlich mit und ohne Hilfsperson. Bitte üben Sie in dieser Woche noch ohne Ablenkung, also nur, wenn Sie mit Ihrem Hund einen ruhigen Wald- oder Feldweg entlanggehen.

Loben: Ab jetzt belohnen Sie Ihren Vierbeiner etwas anders. Wenn der Hund Sie nach dem Rufen erreicht hat, sprechen Sie nicht, wie bisher, einfach nur das Lobwort aus und geben ein Leckerli. Vielmehr loben Sie Ihren Hund jetzt überschwänglich (zum Unterschied zwischen Lobwort und Loben siehe Seite 12). Freuen Sie sich richtig, wenn die Übung gut geklappt hat, und zeigen Sie Ihrem Hund diese Freude mit Ihrer Stimme und einer Handvoll Leckerlis oder einem Spiel mit dem Beutemäppchen. Damit steigern Sie seine Motivation erheblich, das nächste Mal schnell wieder zu Ihnen zu laufen. Gerade wenn später Ablenkung mit im Spiel ist, soll Ihr Hund wissen, dass auf ihn eine tolle Belohnung wartet, wenn er auf Ihren Ruf hin kommt.

Rückrufübung mit Hilfsperson:

▶ Schritt 1: Eine Hilfsperson hält Ihren Hund am besten direkt am Brustgeschirr fest. Sie nehmen das Ende der am Brustgeschirr befestigten, zirka fünf Meter langen Leine in die Hand. Der Rest der Leine liegt locker auf dem Boden. Nun stellen Sie sich vor den Hund und zeigen ihm eine Handvoll Leckerlis.

▶ Schritt 2: Jetzt drehen Sie sich vom Hund weg, sprechen ihn nochmals kurz an und laufen los.

▶ Schritt 3: Kurz nachdem Sie gestartet sind, lässt die Hilfsperson den Hund loslaufen, hinter Ihnen her. Während Sie rennen, rufen Sie das Wort »Hier«. Hat Ihr Hund Sie eingeholt, gehen Sie am besten kurz in die Hocke und loben ihn überschwänglich. Geben Sie ihm die bereitgehaltenen Leckerlis oder spielen Sie ausgelassen mit ihm und dem Beutemäppchen.

Übung 3: Eine Hilfsperson hält den Hund fest. Sie animieren ihn mit Leckerlis, Ihnen zu folgen.

Der Hund wird losgelassen und darf hinter Ihnen her sausen. Ist er angekommen, gibt's eine tolle Belohnung

Rückrufübung ohne Hilfsperson:

► Schritt 1: Sie gehen mit Ihrem Hund einen Weg entlang. Dabei läuft Ihr Hund so weit voraus, wie es die Schleppleine zulässt. Ist keine Ablenkung in Sicht, rufen Sie den Hund entweder mit seinem Namen oder mit dem Aufmerksamkeitswort.

► Schritt 2: Sobald der Hund Sie ansieht, drehen Sie sich in die entgegengesetzte Richtung und rennen los, dabei rufen Sie gleichzeitig das Wort »Hier«.

► Schritt 3: Hat der Hund Sie eingeholt, gehen Sie am besten kurz in die Hocke und loben den Hund erneut ausgiebig. Außerdem bekommt er eine ganze Handvoll Leckerlis oder sein Lieblingsspielzeug.

Für Welpen geeignet: Wenn Sie einen Welpen haben, gehen Sie bei dieser Übung nach demselben Muster vor. Allerdings gilt auch hier: Solange Ihr Welpe noch nicht allzu selbstständig ist, darf er die Übung ohne Schleppleine absolvieren.

Wenn es nicht klappt, mögliche Fehlerquellen:

► Sollte der Hund auf Ihr Animieren und Wegrennen nicht kommen oder reagieren, ziehen Sie ihn an der Schleppleine zunächst ein Stück in Ihre Richtung heran. Dies sollte allerdings auf keinen Fall ruckartig geschehen. Stellen Sie sich vielmehr vor, Sie holen vorsichtig einen Fisch im Netz ein (siehe auch »Trockenübung mit der Schleppleine«, Seite 45). Meist kommen die Hunde, die auf diese Weise ein wenig an der Schleppleine herangezogen werden, das restliche Stück problemlos von ganz alleine. Dabei ist es wichtig, dass Sie Ihren Vierbeiner schon loben, sobald er sich auf den Weg zu Ihnen macht.

► Die Schleppleine sollte prinzipiell nur dazu dienen, den Hund abzusichern, damit er nicht zu ablenkenden Dingen rennt und sich dadurch selbst belohnt. Sollten Sie allerdings Ihren Hund bei der Rückrufübung bereits gerufen haben und er trotzdem nicht reagieren, so muss er die wichtige Erfahrung machen,

61

dass Sie trotzdem Einfluss auf ihn haben. Die Schleppleine fungiert dann sozusagen als Ihr verlängerter Arm. Wir möchten hier aber nochmals betonen: Bitte führen Sie keine ruckartigen oder reißenden Bewegungen mit der Leine aus. Ziehen Sie Ihren Hund stattdessen stetig und sanft zu sich heran.

▶ Reagiert Ihr Hund mit Umherblicken und »in die Startlöcher gehen«, sobald Sie ihn rufen, hat er eine falsche Verknüpfung hergestellt. Für ihn bedeutet »Hier« in diesem Fall: etwas Spannendes ist im Anmarsch. Um diese Fehlinterpretation zu verhindern, dürfen Sie das Rückrufsignal (»Hier«) gerade in der ersten Zeit ausschließlich in der Trainingssituation verwenden. Führen Sie diese Übung auch nicht zu häufig durch, das heißt maximal zehn Mal auf einem einstündigen Spaziergang und nie häufiger als zwei bis drei Mal hintereinander. Denn die Rückrufübung sollte immer eine besondere Übung für den Hund sein, die mit einer besonders tollen Belohnung für ihn endet. Nur so kann sie in Zukunft zuverlässig klappen.

4. Die Selbstguckerübung mit steigender Ablenkung

Hat sich Ihr Hund in der vergangenen Woche während des Spaziergangs immer wieder einmal zu Ihnen umgedreht? Prima, dann funktioniert die Selbstguckerübung schon recht gut. Sie können nun zur nächsten Schwierigkeitsstufe übergehen und die Übung gezielt bei leichter Ablenkung durchführen. Achten Sie dabei darauf, was Ihren Hund ablenkt. Bei vielen Hunden sind es beispielsweise Krähen auf dem Feld oder kleine Vögel auf dem Waldweg. Hat Ihr Hund Vögel auf dem Feld entdeckt, bleiben Sie einfach stehen und warten ab. Ihr mit der Schleppleine abgesicherter Vierbeiner merkt nun, dass es nicht weitergeht. In der letzten Woche hat er bereits gelernt: »Drehe ich mich zu meinem Menschen um, gibt es eine Belohnung.« Sie warten also geduldig, bis sich Ihr Hund von ganz alleine zu Ihnen umwendet. In genau dieser Sekunde sagen Sie das Lobwort und geben ihm ein wirklich gutes Leckerli.

5. Die Übung »Sitz« ohne Ablenkung an unterschiedlichen Orten

Während Sie in der letzten Woche vorwiegend an ein und demselben Ort mit Ihrem Hund »Sitz« geübt haben, führen Sie die Übung nun an ganz unterschiedlichen Stellen auf Ihrem Spaziergang durch. Wir erinnern uns: Hunde lernen immer sehr ortsbezogen. Sprich, wenn Ihr Hund eine Übung wie »Sitz« auf einem bestimmten Waldweg beherrscht, heißt das noch lange nicht, dass er sie auf einem Feldweg, einer Wiese oder dem Bürgersteig ebenso erfolgreich absolviert. Die Übung »Sitz« auf dem Feldweg ist für Ihren Hund zunächst wie eine ganz neue Übung. Das bedeutet, dass Sie die Trainingsanforderungen an diesem neuen Ort zunächst herunterschrauben müssen, denn es kann sein, dass der Hund die Übung dort nur zögerlich durchführt. Seien Sie in diesem Fall geduldig und helfen

Immer, wenn Ihr Hund spontan und von sich aus so fröhlich auf Sie zu rennt, sollten Sie ihn überschwänglich loben.

Übung 6: Gestalten Sie das Spiel abwechslungsreich. Hunde springen gerne einem geworfenen …

… Futtermäppchen hinterher. Die Schleppleine schleift zur Absicherung noch locker hinter dem Hund her.

Sie Ihrem Vierbeiner – beispielsweise, indem Sie ihn nochmals mit einem Leckerli in die richtige Position locken. Nach einigen Durchgängen klappt es dann auch auf dem Feldweg.

Als Faustregel gilt: Haben Sie mit Ihrem Hund eine Übung an vier unterschiedlichen Orten erfolgreich geübt, so beherrscht er sie an jedem x-beliebigen Ort. Erst mit fortgeschrittenem Training ist Ihr Hund in der Lage, eine bestimmte Übung auch an ihm bisher unbekannten Orten sicher zu zeigen. Er lernt, dass ein bestimmtes Signal ortsunabhängig ein bestimmtes Verhalten von ihm verlangt.

Beachten Sie: Führt Ihr Hund ein Signal einmal nicht aus, kann dies unterschiedliche Gründe haben: Entweder hat er es noch nicht richtig gelernt und versteht deshalb Ihr Signal nicht, oder er ist aus irgendeinem Grund gestresst. Genau wie Menschen, können sich Hunde bei Stress nicht richtig konzentrieren und so klappen manchmal einfachste Übungen nicht.

6. Mit dem Beutemäppchen draußen üben

In dieser Woche üben Sie gezielt draußen auf dem Spaziergang mit dem Beutemäppchen. Vorausetzung dafür ist natürlich, dass es Ihnen in der letzten Woche gelungen ist, das Interesse Ihres Vierbeiners an dem Mäppchen zu wecken. Packen Sie das Mäppchen erst gegen Ende des Spaziergangs aus und beginnen Sie, Ihren Hund damit zu animieren. Je nach Interessenslage und Neigung ist er jetzt schon begeistert von dem Spiel – andernfalls wird es noch ein bisschen dauern. Auch wenn Ihr Hund bereits ein ausgesprochener Fan des Mäppchens ist, empfehlen wir Ihnen, immer nur so lange mit ihm zu spielen, wie das Interesse des Hundes anhält. Beenden Sie das Spiel, bevor Ihr Vierbeiner die Lust daran verliert. So bleibt ihm das Gefühl: Das hat großen Spaß gemacht. Daran wird er sich erinnern, wenn Sie das nächsteMal zum Beutemäppchen greifen und mit dem Spiel loslegen.

Das Programm für die 4. Woche

Sind Sie in den vergangenen Wochen gut mit den Übungen vorangekommen? Prima! Dann wählen Sie für Ihre Spaziergänge in der vierten Woche gerne einmal belebte Gegenden. Wie oft genügt es schon, die Zeiten für die Spaziergänge mit Ihrem Hund zu ändern.

1. Die Übung »Seite«

Ziel: Der Hund soll an Ihrer rechten Seite an lockerer Leine laufen und Sie dabei anschauen.

Zweck: Wie die Übung »Fuß« dient auch diese Übung im Alltag dazu, problemlos an Ablenkungen vorbeizukommen. Läuft Ihr Hund sowohl links wie auch rechts von Ihnen und nimmt diese Position auf Signal hin ein, so können Sie flexibel reagieren und den Hund je nach Situation an der jeweils günstigeren Seite führen.

Hintergrund: Wenn Sie Ihrem Hund beibringen, an Ihrer rechten Seite zu laufen, hat dies für Sie viele Vorteile im Alltag. Zahlreiche Begegnungssituationen lassen sich so deutlich stressfreier gestalten, indem Sie Ihren Hund an Ihre rechte und damit vom Geschehen abgewandte Seite nehmen, etwa wenn Ihnen ein Passant entgegenkommt, der offensichtlich Angst vor Ihrem Hund hat. Meist gehen Menschen auf Spazierwegen wie auch im Straßenverkehr auf der rechten Seite. Können Sie Ihren Hund an Ihrer rechten Seite laufen lassen, müssen entgegenkommende Passanten nicht direkt an dem Tier vorbeigehen. Diese Maßnahme ist auch bei Hundebegegnungen sehr nützlich. Wie oft kommen Ihnen Menschen entgegen, die Ihre Hunde links führen. Würde Ihr Hund nun ebenfalls links laufen, müssten beide Hunde in der Mitte des Weges eng aneinander vorbei.

Signale: Als Hörzeichen sagen Sie »Seite«, »Hand« oder »By«. Als Handzeichen halten Sie die rechte Hand vor dem Körper, wobei dieses Hilfssignal später abgebaut wird.

Eine Parkbank eignet sich gut, um Tricks wie »Pfotenüberkreuzen« zu üben. Aber bitte nur, wenn der Hund saubere Pfoten hat.

Unser Trainingsrezept – Schritt für Schritt

Handwerkszeug: Sie benötigen Leckerlis, einen Leckerlibeutel, ein Halsband und eine kurze, verstellbare Leine.

Das kann Ihr Hund schon: Das Lobwort sollte bereits konditioniert sein.

Die Übungsschritte: Diese sind genau die gleichen wie bei der »Fuß«-Übung, nur dass der Hund jetzt an Ihrer rechten Seite läuft. Gehen Sie also genauso vor, wie dort unter Schritt 1 bis 4 (siehe Seite 51–52) beschrieben. Der einzige Unterschied ist, dass Sie jetzt den Hund auf Ihrer rechten Seite haben. Die Leine halten Sie entsprechend in Ihrer linken Hand und die Leckerlis in Ihrer rechten Hand.

Wenn es nicht klappt

Alte Gewohnheit: Manche Hunde versuchen aus purer Gewohnheit, immer wieder auf Ihre linke Seite zu wechseln. Verhindern Sie dies von vornherein, indem Sie die Leine so kurz halten, dass ein Seitenwechsel unmöglich ist.

Nicht überfordern: Bitte denken Sie daran, dass Sie genau wie bei der »Fuß«-Übung die Strecke immer nur Schritt für Schritt verlängern dürfen. Erst lernt Ihr Hund das »Seite«-Laufen, dann führen Sie das Signal ein, z. B. das Hörzeichen »Seite«. Sollte er sich mit dieser Übung schwer tun, so gehen Sie in noch kleineren Schritten vor.

Für Welpen geeignet

Üben Sie bereits mit Ihrem Welpen, dass er an Ihrer rechten Seite läuft. Gerade wenn Ihr Spazierweg streckenweise an einer Straße verläuft, ist es günstig, den Hund an der dem Verkehr abgewandten Seite führen zu können. Achten Sie aber wie bei der »Fuß«-Übung darauf, dass Sie die Trainingseinheiten noch deutlich kürzer gestalten, damit Ihr Hundebaby sich auch gut auf die Übung konzentrieren kann.

Beim »Seite«-Gehen läuft der Hund aufmerksam an Ihrer rechten Seite. Die Leine hängt dabei locker durch.

»Fuß« geht der Hund an Ihrer linken Seite. Sie können natürlich auch andere Signale als die hier benutzten Worte verwenden.

2. Die Übung »Platz-bleib«

Nach der herausfordernden »Seite«-Übung haken Sie wieder die Schleppleine ins Brustgeschirr und lassen Ihren Hund für ein Weilchen seine Freizeit genießen. Setzen Sie dabei Ihren Spaziergang fort. Sobald Sie auf einen trockenen, ebenen Weg in einer übersichtlichen Gegend treffen oder an einer kleinen Wiese mit weichem Gras oder Moos vorbeikommen, beginnen Sie anschließend mit der folgenden Übung.

Ziel: Der Hund lernt, so lange an einem Ort liegen zu bleiben, bis er von Ihnen ein neues Signal erhält oder Sie dieses auflösen. In der Zwischenzeit sollen Sie sich ein Stück weit entfernen können, ohne dass Ihr Hund aufsteht.

Zweck: Vergleichbar dem »Sitz-bleib« ist diese Übung im Alltag von großem Nutzen. Es gibt zahlreiche Situationen, die es praktisch erforderlich machen, den Hund irgendwo hinlegen und von ihm weggehen zu können – auch wenn gerade keine Möglichkeit zum Anbinden vorhanden ist. Schon

beim »Sitz-bleib« haben wir verschiedene Situationen beschrieben, in denen es sehr hilfreich ist, wenn Ihr Hund das »Bleiben« beherrscht. Liegen zu bleiben ist dabei meist noch sicherer als sitzen zu bleiben.

Signale: Die Signale sind dieselben wie bei »Platz«: Sie verwenden als Hörzeichen das Wort »Platz« und als Handzeichen die waagerecht vor den Körper gehaltene Hand.

Unser Trainingsrezept – Schritt für Schritt

Handwerkszeug: Sie benötigen Leckerlis sowie einen Leckerlibeutel, eine etwa fünf bis sechs Meter lange Leine und ein Brustgeschirr.

Das kann Ihr Hund schon: Das Lobwort sollte eingeübt sein, und die Übung »Platz« sollte zuverlässig klappen.

Die Übungsschritte: Diese sind die gleichen wie bei der »Sitz-bleib«-Übung, nur dass der Hund nun liegt, anstatt zu sitzen. Gehen Sie daher genauso vor, wie dort beschrieben (siehe Seite 58–59). Entfernen Sie sich anfangs nur einen Schritt rückwärts von Ihrem liegenden Vierbeiner und kehren Sie anschließend sofort wieder zum Hund zurück. Beim nächsten Durchgang gehen Sie entsprechend der »Sitzbleib«-Übung zwei Schritte vom Hund weg. Im Anschluss daran erhöhen Sie die Entfernung zum liegenden Hund im Wortsinn Schritt für Schritt.

Tipp: Rufen Sie Ihren Hund nie oder nur ganz selten aus dem »Platz-bleib« ab. Bei zu häufigem Abrufen würde Ihr Hund schon sehr bald wie ein gespannter Flitzebogen daliegen und nur darauf warten, wieder abgerufen zu werden – sprich: Er würde nicht mehr zuverlässig liegen bleiben, denn den meisten Hunden macht das »Abgerufenwerden« sehr viel Spaß. Seien Sie deshalb konsequent und holen Sie Ihren Hund immer wieder ab. Das Abrufen bleibt die absolute Ausnahme.

Mit einiger Übung können Sie sich vom liegenden Hund schon ein ganzes Stück weit entfernen, ohne dass er aufsteht.

Für Welpen geeignet

Die »Platz-bleib«-Übung können Sie in dieser Woche schon mit Ihrem Welpen beginnen. Manchen ruhigen Tieren fällt das Liegenbleiben gar nicht so schwer. Haben Sie dagegen ein besonders hibbeliges Exemplar erwischt, das es kaum aushält, auch nur eine Sekunde liegen zu bleiben, gehen Sie in noch kleineren Übungsschritten vor. In solchen Fällen ist es beispielsweise ein guter Anfang, wenn Sie vor dem Hund stehen und ihm alle zwei Sekunden ein Leckerli zwischen die Pfoten legen. Geben Sie aber das Leckerli nicht direkt aus der Hand. Viele Hunde neigen sonst dazu, der Hand entgegenzukommen, und stehen auf. Funktioniert selbst dies noch nicht, weil der Welpe zu früh aufsteht? Dann üben Sie erst einmal, sich selbst in die aufrechte Körperposition zu begeben, ohne dass der Welpe gleich aufspringt. Legen Sie ihm hierzu immer wieder ein Leckerli zwischen die Pfoten, während Sie sich nach und nach aufrichten – so lange, bis Sie schließlich vor ihm stehen, der Hund aber liegen bleibt.

3. Die Konditionierung der Pfeife

Ziel: Der Hund kommt auf Pfiff zu seinem Besitzer gelaufen.
Zweck: Der Pfiff dient als zweites Rückrufsignal.
Hintergrund: Der Pfiff der Pfeife hat zwei große Vorteile, die ihn als zusätzliches »Super-Rückrufsignal« auszeichnen. Zum einen ist er wesentlich lauter als unsere Stimme. Hat sich Ihr Hund ein Stück weit von Ihnen entfernt, kann es durchaus passieren, dass er Ihren Ruf schlichtweg nicht hört – etwa wenn Geräusche wie Blätterrauschen oder das Bellen anderer Hunde für eine laute Hintergrundkulisse sorgen. Zum anderen ist der Pfiff für Ihren Hund eindeutiger als ein Wort. Mit unserer Stimme übertragen wir unbewusst unsere jeweilige Stimmung. Ihr Hund merkt beispielsweise ganz schnell, ob Sie gestresst sind, denn Ihre Stimme hat dann einen anderen Klang. Dies kann dazu führen, dass der Hund Ihr Signal nicht richtig interpretiert. Entsprechend verunsichert kommt er dann vielleicht nur zögerlich oder gar nicht zu Ihnen. Ein großer Nachteil der Hundepfeife ist leider, dass man sie leicht zu Hause vergisst. Deshalb ist es in jedem Fall sinnvoll, sowohl das Hörzeichen »Hier« wie auch den Pfiff zu trainieren.
Signal: Als Signal dient der Pfiff der Hundepfeife.

Sie bewegen sich rückwärts, während Sie gleichzeitig pfeifen. Folgt Ihr Hund, gibt's das Lobwort und ein Leckerli.

Unser Trainingsrezept – Schritt für Schritt

Handwerkszeug: Sie benötigen besonders gute Leckerlis, einen Leckerlibeutel, zunächst eine kurze, später eine längere Leine, Halsband, Brustgeschirr und eine Hundepfeife aus Horn oder Plastik (siehe Seite 19).

Das kann Ihr Hund schon: Ein Lobwort sollte ebenso eingeübt sein wie die Rückrufübung mit dem Hörzeichen »Hier«. Günstig ist auch, wenn der Hund Interesse an einem Beutemäppchen zeigt oder ein anderes Lieblingsspielzeug hat.

Die Übungsschritte: Wie schon beim Einüben von »Hier« suchen sich zum Antrainieren der Pfeife zunächst wieder ein ruhiges Plätzchen ohne Ablenkung. Diese Übung können Sie auch gut zu Hause in der Wohnung – dann aber bitte etwas leiser pfeifen –, im Garten oder im Hof durchführen. Beim Einüben der Pfeife wird genauso vorgegangen wie beim Training des Rückrufworts »Hier« (siehe Seite 34). Daher wiederholen wir die einzelnen Schritte hier auch nur kurz.

1 Der Hund steht an der Leine vor Ihnen. Sie nehmen ein Leckerli und führen es in die Nähe der Hundenase.

2 Jetzt pfeifen Sie und gehen dabei gleichzeitig einen Schritt zurück, von Ihrem Vierbeiner weg. Ist der Hund Ihnen und dem Leckerli gefolgt, so sagen Sie das Lobwort und geben Ihrem Hund das schon bereit gehaltene Leckerli.

3 Diese beiden Schritte führen Sie einige Male hintereinander aus. Danach üben Sie mit Ihrem Vierbeiner an unterschiedlichen Orten. Achten Sie darauf, Ihren Hund vor dem Pfiff aufmerksam zu machen. So stellen Sie sicher, dass er den Pfiff auch mitbekommt und anschließend Ihrem Schritt rückwärts zügig folgt.

Tipp: Bitte seien Sie vorsichtig mit lautem Pfeifen bei geräuschempfindlichen Hunden. Vermeiden Sie es, zu nah am Hundeohr zu pfeifen. Fangen Sie mit einem leisen Pfiff an, um Ihren Vierbeiner an das Geräusch zu gewöhnen.

Für Welpen geeignet

Je früher Sie bei Ihrem Welpen mit der Konditionierung der Pfeife beginnen, desto größer ist der Lernerfolg. Bitte seien Sie aber besonders vorsichtig mit der Lautstärke des Pfiffs. Nicht dass sich Ihr Welpe heftig erschreckt und künftig eine starke Abneigung gegen die Pfeife hat.

4. Die Übung »Raus da«

Ziel: Der Hund soll lernen, auf dem Spaziergang den Weg nicht zu verlassen und – falls doch einmal – auf das Signal »Raus da« wieder auf den Weg zurückzukehren.

Zweck: Diese Übung ist eine wichtige Vorbeugung gegen unerwünschtes Jagdverhalten. Hat der Hund die Übung gut gelernt, bleibt er immer auf dem Weg und läuft nicht einfach auf ein Feld oder in den Wald hinein. Falls Ihr Vierbeiner auf »Abwege« gerät, können Sie ihn mithilfe des Signals wieder auf den Weg zurückholen.

Hintergrund: Das Problem ist Ihnen sicherlich bekannt: Viele Hunde bleiben nicht auf den Spazierwegen. Allzu leicht lassen sie sich durch interessante Gerüche dazu verleiten, ins Gebüsch, quer in den Wald oder auf ein Feld zu laufen. Dabei ist die Gefahr groß, dass sie dort Wild aufschrecken oder eine Rehspur finden. Auf diese Weise entsteht bei vielen jungen Hunden überhaupt erst unerwünschtes Jagdverhalten. Denn für jeden Hund ist es eine nahezu unwiderstehliche Versuchung, einem flüchtenden Tier hinterherzurennen. Solche Erlebnisse sind daher für Ihren Vierbeiner extrem selbstbelohnend. Mit anderen Worten: Ihr Hund kann dadurch sehr schnell Spaß am Jagen entwickeln. Es lohnt sich also, dem Tier beizubringen, nur auf dem Weg zu bleiben – oder maximal ein bis zwei Meter neben dem Weg zu schnüffeln. Dort ist die Gefahr wesentlich geringer, dass Wild aufgescheucht wird und vor dem Hund flieht. Auch dem Fressen unliebsa-

»Auf die Plätze fertig los!« Ein Rennspiel zu zweit macht jedem Hund unheimlich Spaß.

mer Dinge, die sich vornehmlich in Gebüschen finden, beugen Sie so wirksam vor.

Signale: Am besten verwenden Sie das Hörzeichen »Raus da«, »Auf den Weg« oder Ähnliches.

Unser Trainingsrezept – Schritt für Schritt

Handwerkszeug: Sie benötigen Leckerlis, einen Leckerlibeutel, eine Schleppleine von unterschiedlicher Länge (je nach Teilschritt) und ein Brustgeschirr.

Das kann Ihr Hund schon: Ein Lobwort sollte bereits konditioniert sein.

Die Übungsschritte: Zunächst lernt Ihr Hund mithilfe der Schleppleine, auf ein bestimmtes Hörzeichen (»Raus da«) hin auf dem Weg zu bleiben. Später soll er auch ohne Signal den

Gehweg nicht mehr eigenmächtig verlassen. Ihr Hund lernt den Wegrand als Grenze zu akzeptieren, die nicht überschritten wird. Natürlich darf er noch am Wegrand schnuppern, doch je nach Beschaffenheit des Weges und des Wegrands beginnt für ihn früher oder später die »verbotene Zone« – also der Bereich, der schon als »ab vom Weg« gilt. Als Faustregel können Sie sich merken: Wenn die Hinterläufe des Hundes den Weg verlassen, ist Ihr Vierbeiner schon zu weit auf Abwegen. Hunde lernen übrigens erstaunlich schnell, diese Grenze zu akzeptieren.

1 Sie halten die Leine in der Hand. Ihr Hund geht an der Schleppleine vor oder neben Ihnen auf dem Weg. Sobald er beim Schnuppern den Weg mit den Hinterläufen verlässt, halten Sie die Schleppleine gespannt und stoppen ihn so.

69

2 Sie bleiben einfach mit der gespannten Leine stehen. Verkürzen Sie die Leinenlänge, wenn nötig, indem Sie diese mit der Hand etwas aufwickeln.

3 Bleiben Sie so lange kommentarlos stehen, bis der Hund merkt, dass es nicht mehr weitergeht, und sich zu Ihnen umdreht. Genau in diesem Moment sagen Sie das Lobwort und halten dem Hund ein bereitgehaltenes Leckerli hin, das er

Entspannt und aufmerksam an der Schleppleine: Wann kommt endlich das nächste Signal?

sich abholen darf. Wichtig ist hierbei, dass Sie Ihren Hund nicht an der Leine zu sich heranziehen. Warten Sie stattdessen, bis er sich von selbst umwendet.

4 Gehen Sie immer nach diesem Muster vor, sobald Ihr Hund während des Spaziergangs den Weg verlässt. Führen Sie die Übung so lange durch, bis er zügig auf den Weg zurückkehrt, sobald sich die Leine strafft. Als Belohnung bekommt er jedes Mal das Lobwort und das Leckerli. Dieser Schritt kann sich über mehrere Spaziergänge hinziehen – je nachdem wie oft Ihr Hund versucht, den Weg zu verlassen.

5 Einführen des Hörzeichens: Nach einigen Tagen Übung bringen Sie Ihrem Hund das Hörzeichen bei. Sagen Sie dazu Ihr ausgewähltes Signal (beispielsweise »Raus da« oder »Auf den Weg«) genau in der Sekunde, in der sich Ihr Hund zu Ihnen umwendet, nachdem Sie ihn mit der Leine gestoppt haben. Behalten Sie dabei einen neutralen Tonfall. Geht der Hund wieder auf den Weg, sagen Sie danach sofort das Lobwort und geben ihm ein Leckerli.

So geht's weiter: Nach einiger Zeit sagen Sie das Hörzeichen, sobald sich der Hund anschickt, den Weg zu verlassen. Jetzt sollte der Hund sofort wieder auf den Weg zurückkehren. Später sollte er dann sogar auf den Weg zurückgehen, ohne dass Sie ihn zuvor mit der Leine stoppen müssen.

Die Leinenlänge: Wir empfehlen beim ersten bis vierten Schritt, die Leine auf maximal zwei bis drei Meter zu halten. Ab dem fünften Schritt können Sie, je nach Hund und Trainingsstand, eine längere Leine verwenden – in der vierten Woche kann sie schon sechs bis zehn Meter lang sein.

Wenn es nicht klappt

Zu viel erwartet: Wenn Ihr Hund nicht auf das Signal reagiert, braucht er wahrscheinlich noch mehr Zeit für diese Übung. Wichtig ist: Stoppen Sie den Hund stets sofort, sollte

70

er doch einmal versuchen, den Weg zu verlassen. Dies gilt auch, wenn später die Leine auf dem Boden schleift. Dazu nehmen Sie entweder die Leine wieder rasch in die Hand und bremsen den Hund dadurch ab, oder Sie treten schnell mit einem Fuß auf die am Boden schleifende Leine.

Tipp: Gehen sie am Anfang in Gegenden spazieren, in denen nicht so viel Ablenkung durch Wild oder Hasen auf dem Feld gegeben ist. Bei vielen Hunden klappt die Übung noch besser, wenn Sie gleichzeitig ein paar Leckerlis auf den Weg werfen, während Sie »Raus da« sagen. Seien Sie bei dieser Übung äußerst konsequent. Nur wenn es Ihrem Hund niemals erlaubt ist, den Weg zu verlassen, wird er die Übung irgendwann zuverlässig ausführen. Gehen Sie gerade mit einem jungen Hund möglichst nicht querfeldein. Hunde können sehr gut lernen, die Grenzen eines Weges nicht zu überschreiten.

Für Welpen geeignet

Die Übung sollten Sie mit Ihrem Welpen unbedingt von Anfang an durchführen. Nie darf es ihm erlaubt sein, in ein Gebüsch, auf ein bestelltes Feld oder querfeldein in den Wald zu laufen. So beugen Sie frühzeitig einem problematischen Jagdverhalten vor. Wenn Sie bei dem Tier keine Schleppleine verwenden, gehen Sie folgendermaßen vor: Sobald der Welpe dabei ist, den Weg zu verlassen, laufen Sie schnell zu ihm hin und rufen das Signal »Raus da«. Werfen Sie gleichzeitig ein Leckerli auf den Weg. Macht sich Ihr Welpe auf, das Leckerli zu holen, loben Sie es ausgiebig. Manchmal ist der Welpe zu abgelenkt und bemerkt nicht, dass Sie ein Leckerli auf den Weg werfen. Dann klatschen Sie kurz in die Hände, um seine Aufmerksamkeit zu erlangen. Dies funktioniert meist sehr gut. Hat er sich das Leckerli geholt, darf er seinen Weg fortsetzen. Er muss nicht erst zu Ihnen kommen, denn das Übungsziel war ja, auf den Weg zurückzukehren.

Sobald die Hinterpfoten den Weg verlassen, sagen Sie »Raus da«. Die gespannte Leine verhindert, dass der Hund weiterläuft.

Wenn sich der Hund umdreht und aus dem Feld herauskommt, gibt es das Lobwort und eine tolle Belohnung.

71

Wiederholungen in der 4. Woche

Je nachdem, wie lange Sie mit Ihrem Vierbeiner spazierengehen, lassen Sie mehr und mehr die Wiederholungs- und Fortsetzungsübungen der vergangenen Wochen einfließen. In dieser Woche laufen Sie mit Ihrem Hund bereits in Gegenden oder zu Zeiten, in denen etwas mehr los ist. Das bedeutet, dass auch andere Menschen unterwegs sind. So ist es besonders wichtig, dass Sie Ihren Hund noch an der Schleppleine abgesichert haben, falls er dazu neigt, zu anderen Menschen oder Hunden hinzulaufen. Das Gleiche gilt natürlich, falls er Interesse an Wild hat. Nutzen Sie jede Gelegenheit, die sich bietet, auch andere Übungen unter leichter Ablenkung durchzuführen. Ein Beispiel: Kommt Ihnen jemand auf dem Weg entgegen, üben Sie mit Ihrem Hund »Sitz« mit Ablenkung (siehe Seite 74).

1. Die Aufmerksamkeitsübung mit steigender Ablenkung

In dieser Woche wiederholen Sie die Übung bei weiter steigender Ablenkung, etwa wenn sich Ihnen auf dem Weg ein Jogger oder Spaziergänger nähert. Kurz nachdem Ihr Hund die Ablenkung wahrgenommen hat, geben Sie das Aufmerksamkeitssignal – Sie sagen »Kuck mal« und warten, bis sich Ihr Hund herumdreht. Die Entfernung zur Ablenkung sollte dabei noch möglichst groß sein, andernfalls besteht die Gefahr, dass Ihr Hund Sie schlichtweg ignoriert.

Für Welpen geeignet: Sind Sie mit Ihrem Welpen unterwegs, sollten Sie besonders gut auf Ihre Umgebung achten. Denn Welpen neigen dazu, spontan zu allem hinzulaufen, was ihr Interesse weckt. Machen Sie Ihren Welpen aufmerksam – und

Übung 1: Trotz der Joggerin reagiert der Hund auf das Aufmerksamkeitswort und wendet sich um.

Eine Joggerin in Begleitung eines Hundes stellt eine noch größere Ablenkung dar. Reagiert Ihr Hund noch?

Übung 2: Ein Spaziergänger in einiger Entfernung bietet eine gute Gelegenheit, den Rückruf ...

... unter Ablenkung zu festigen. Unterstützen Sie das Signal, indem Sie sich umdrehen und weglaufen.

zwar bevor er den Jogger oder etwas ähnlich Interessantes von sich aus sieht. Sonst ist es oft schon zu spät, es sei denn, Sie führen Ihr Welpe bereits an einer Schleppleine.

2. Die Rückrufübung mit leichter Ablenkung

Hat die Rückrufübung in der letzten Woche schon sehr gut geklappt, können Sie sie in dieser Woche bereits bei leichter Ablenkung wagen. Bedenken Sie dabei aber: Eine leichte Ablenkung ist für jeden Hund etwas anderes. Für manche Hunde reicht schon ein Vogel im Gebüsch, bei anderen ist es ein Jogger, Fahrradfahrer oder Spaziergänger, der in 150 Meter Entfernung auftaucht. Am besten nutzen Sie Situationen, in denen Ihr Hund zwar gerade irgendwo hinschaut, sein Interesse an der jeweiligen Ablenkung aber noch nicht zu stark ist. Machen Sie Ihren Hund kurz aufmerksam. Anschließend rufen Sie beispielsweise »Hier« und laufen in die entgegengesetzte Richtung, ge-

gebenenfalls mit der Schleppleine in der Hand. Beobachten Sie Ihren Hund aus dem Augenwinkel, was er unternimmt. Folgt er Ihnen und holt Sie ein, bekommt er eine supertolle Belohnung, etwa in Form eines Spiels mit dem Beutemäppchen oder einer ganzen Hand voll Super-Leckerlis.

Tipp: Üben Sie den Rückruf zusätzlich auch ohne Ablenkung, sonst kann es passieren, dass der Hund Ihr Rufen mit einer auftauchenden Ablenkung verbindet. Solche falschen Verknüpfungen können Sie rasch entlarven: Rufen Sie Ihren Hund. Schaut er sich daraufhin erst einmal um, ob es etwas Spannendes zu entdecken gibt, interpretiert er das Signal falsch. Für Sie heißt das, Sie haben das Rückrufsignal schon zu oft in Situationen verwendet, in denen wirklich etwas auf Sie zugekommen ist. Um dem vorzubeugen, rufen Sie in mindestens der Hälfte aller Fälle Ihren Hund nur rein zu Übungszwecken, also wenn nichts Interessantes für ihn weit und breit zu sehen ist.

73

Für Welpen geeignet: Üben Sie mit Ihrem Welpen noch überwiegend ohne Ablenkung. Probieren Sie behutsam aus, bei welcher Ablenkung es schon klappt, denn junge Hunde lassen sich von unendlich vielen Dingen ablenken.

3. Die Selbstguckerübung mit Ablenkung und größerem Abstand zwischen Hund und Besitzer

In dieser Woche wird der Hund, je nach Trainingsstand, bereits an der zehn Meter langen Schleppleine geführt. So erhöht sich der Schwierigkeitsgrad bei der Selbstguckerübung schon deshalb, weil der Abstand zwischen Ihnen und Ihrem Hund größer ist. Nutzen Sie die Gelegenheit, wenn Ihr Vierbeiner nach irgendetwas Interessantem schaut – etwa nach ballspielenden Kindern oder einem anderen Hund auf der Wiese. Bleiben Sie dann, wie bisher, sofort stehen, sichern Sie aber gleichzeitig den Hund weiter mit der Schleppleine ab. Viele Hunde drehen sich in dieser Trainingsphase schon sehr schnell selbstständig zu ihrem Besitzer um, sobald sie etwas entdeckt haben.

Tipp: Sicher kommen Sie auf Ihren Spaziergängen an Stellen vorbei, an denen sich Bäume mit dicken Stämmen oder blickdichte Gebüsche befinden. Nutzen Sie solche willkommenen Gelegenheiten für eine schöne Übung – und verstecken Sie sich dahinter. Beobachten Sie dabei Ihren Hund. Fängt er an, Sie zu suchen? Schaut er sich nach Ihnen um? Dann rufen Sie ihn mit dem Rückrufsignal. Anschließend belohnen Sie ihn überschwänglich für sein Kommen. Finden Sie mal kein Versteck, können Sie sich auch einfach hinhocken. Die veränderte Körperhaltung macht Ihren Hund neugierig. Dies ist eine wunderbare Übung, um Ihren Vierbeiner dafür zu sensibilisieren, immer wieder nach Ihnen zu schauen. Schließlich könnten Sie ja plötzlich verschwunden sein. So erhöhen Sie die Achtsamkeit und Aufmerksamkeit des Hundes Ihnen gegenüber und haben einen besseren Einfluss auf Ihren Hund.

4. Die Übung »Sitz« mit Ablenkung

In dieser Woche beginnen Sie damit, »Sitz« gezielt in ablenkenden Situationen zu üben. Am besten nutzen Sie dazu jede Gelegenheit, die sich auf Ihrem Spaziergang bietet. Geben Sie das Signal bereits, wenn die Ablenkung noch relativ weit weg ist, beispielsweise wenn andere Fußgänger gerade sichtbar werden. Verwenden Sie dabei zusätzlich das Handzeichen. Das klappt in solchen Situationen besser, als wenn Sie nur das Signalwort sagen würden. Sie können Ihren Hund aber auch sitzen lassen, bevor Sie eine Straße überqueren. Doch achten Sie dabei bitte auf Folgendes: Lassen Sie Ihren Hund stets ein wenig abgewandt vom Geschehen sitzen – z.B. am Wegesrand bei der Begegnung mit Spaziergängern oder ein wenig abseits von der Bürgersteigkante bei der Straßenüberquerung. Halten Sie dabei die Leine so kurz, dass Ihr Hund nicht auf die Straße geraten kann, falls ihn einmal irgendetwas erschrecken sollte.

5. Spiel mit dem Beutemäppchen unter Ablenkung

Ebenfalls in dieser Woche können Sie beginnen, gezielt in ablenkenden Situationen mit dem Beutemäppchen zu spielen. Suchen Sie sich dazu eine Wiese, die an einen Fußweg mit Spaziergängern grenzt. Spielen Sie dort mit Ihrem Hund. Beobachten Sie ihn genau, wie er sich verhält, wenn Spaziergänger auf dem Weg vorbeigehen. Sichern Sie ihn gegebenenfalls mit der Schleppleine ab, damit er nicht zu den Fußgängern laufen kann. Findet er das Beutemäppchen schon so toll, dass er nicht aufhört zu spielen, auch wenn andere Menschen in der Nähe sind? Das wäre ein toller Fortschritt. Für manch einen Hund kann es schon eine große Ablenkung darstellen, wenn Sie einfach auf einer bislang unbekannten Wiese mit ihm spielen oder aber eine Wiese in der Nähe eines Waldes aussuchen. Dort wimmelt es von für uns unsichtbaren Spuren und Gerüchen, die Ihren Hund magisch anziehen können und somit schon

Übung 4: Sobald Sie entgegenkommende Spaziergänger sehen, lassen Sie Ihren Hund sitzen.

Abgesichert mit der Schleppleine, sollte Sie Ihr Hund im »Sitz« trotz Ablenkung anschauen.

eine echte Herausforderung darstellen. Spielen Sie am besten immer am Ende des Spaziergangs eine Runde mit Ihrem Hund, nachdem er sein Schnüffelbedürfnis befriedigt und die erste Aufregung sich ein wenig gelegt hat.

Für Welpen bedingt geeignet: Da sich Welpen leichter ablenken lassen als erwachsene Hunde, raten wir Ihnen, das Spielen mit dem Beutemäppchen unter Ablenkung auf einen späteren Zeitpunkt zu verschieben. Nur wenn Ihr Welpe schon sehr großes Interesse am Beutemäppchen zeigt, können Sie versuchen, unter leichter Ablenkung mit ihm zu spielen.

6. Die Übung »Fuß« über längere Strecken hinweg

In dieser Woche verlängern Sie die Übungsstrecken stetig. Je nach Konzentrationsfähigkeit Ihres Hundes zögern Sie die Belohnung jetzt immer weiter hinaus. Er muss also immer mehr Schritte aufmerksam an Ihrer linken Seite laufen, bis er sein Lobwort plus Leckerli bekommt. Ist er zwischendrin unaufmerksam, so ignorieren Sie dies. Gehen Sie einfach weiter, während Sie Ihren Hund im Auge behalten. Schaut er irgendwann wieder zu Ihnen hoch, loben Sie ihn sofort.

Für Abwechslung sorgen: Gehen Sie nicht zu lange am Stück gerade Strecken. Machen Sie auch einmal Kurven oder suchen Sie sich ein paar passende Bäume oder Gebüsche, um die Sie Slalom laufen. Dadurch steigern Sie die Aufmerksamkeit Ihres Hundes während der Übung.

Für Welpen geeignet: Natürlich beginnen Sie auch schon mit dem Welpen, die »Bei Fuß«-Strecken zu verlängern. Aber passen Sie sich bitte immer dem Welpen an. Streuen Sie auf dem Spaziergang viele kleine Pausen ein, in denen Ihr Vierbeiner schnuppern oder herumtollen darf.

7. Die Übung »Platz« – noch ohne Ablenkung, aber an verschiedenen Orten

In dieser Woche üben Sie mit Ihrem Hund »Platz« an unterschiedlichen Orten. Beginnen Sie mit einer trockenen Wiese und wählen Sie als Nächstes einen Wegrand. Suchen Sie sich vorerst noch ein Wegstück mit wenig Ablenkung aus. Achten Sie unbedingt darauf, die Übung immer aufzulösen, bevor der Hund von selbst aufsteht.

8. Die Erweiterung des Abbruchsignals – nichts vom Boden fressen

Sie trainieren mit Ihrem Hund, dass er nichts vom Boden fressen darf, wenn Sie es ihm verbieten. Dazu suchen Sie sich ein Wegstück ohne Ablenkung. Befestigen Sie die Leine kurz an einem Baum oder einer Bank und legen Sie eine leckere Verführung ein Stück entfernt auf den Weg. Es sollte irgendetwas sein, das Sie und Ihr Hund aus der Entfernung sehen können – beispielsweise ein Hundekuchen, ein Stück Wiener Würstchen oder ein Stück Käse. Anschließend gehen Sie mit Ihrem angeleinten Hund auf das ausgelegte Futter zu. Wenn Ihr Vierbeiner auf dem Weg dorthin an der Leine zieht und versucht, das verführerische Häppchen zu fressen, sagen Sie das Abbruchsignal. Halten Sie dabei die Leine so kurz, dass er die Köstlichkeit gerade nicht erreichen kann. Jetzt ist einmal mehr Ihre Geduld gefragt. Warten Sie so lange, bis Ihr Hund merkt: »Es bringt nichts, an der Leine zu ziehen. Ich erreiche die verführerische Köstlichkeit doch nicht.« Dreht sich Ihr Hund zu Ihnen um, sagen Sie in diesem Moment das Lobwort und geben ihm ein bereitgehaltenes Leckerli. Dieses sollte für den Hund von der Wertigkeit mindestens ebenso gut sein wie jenes, das auf dem Weg liegt. Nach ein paar Wiederholungen wird sich Ihr Hund immer schneller zu Ihnen umdrehen, nachdem Sie das Abbruchsignal gesagt haben.

Übung 8: Ihr Hund hat ein Wurstbrötchen auf dem Weg entdeckt. Sie geben schnell ...

Wenn es nicht klappt: Dreht Ihr Hund sich auch nach längerem Warten nicht zu Ihnen um, sollten Sie den Abstand zwischen Hundenase und ausgelegtem Futter vergrößern. Oder Sie benutzen anfangs weniger attraktives Futter, etwa einen trockenen Hundekeks oder ein Stück Brot.

9. Die Übung »Sitz-bleib« mit größerem Abstand

In dieser Woche vergrößern Sie den Abstand zwischen sich und dem Hund – am besten arbeiten Sie sich Schritt für Schritt vor. Wie schnell Sie den Abstand vergrößern können, hängt einerseits von Ihrem Hund ab, andererseits vor allem davon, wie oft Sie diese Übung zwischendurch machen. Hunde, die sehr an Ihrem Besitzer »kleben«, brauchen bei dieser Übung zumeist etwas länger. Der Trainingsablauf entspricht dem der letzten Woche (siehe Seite 57–59). Tut sich Ihr Hund schwer damit,

... das Abbruchsignal. Die Leine halten Sie ganz kurz, damit er das Brötchen nicht fressen kann.

Wendet sich Ihr Hund schließlich zu Ihnen um, folgt sofort die Belohnung mit Lobwort und köstlichem Leckerli.

ruhig im »Sitz« zu bleiben, während Sie in einiger Entfernung stehen, gehen sie beim nächsten Mal nicht ganz so weit weg. Kehren Sie stets unverzüglich zu Ihrem Vierbeiner zurück. Die Zeitspanne, die Sie von ihm fernleiben, wird erst im weiteren Verlauf des Trainings verlängert. Generell gilt folgende Faustregel: Erhöhen Sie immer nur ein Kriterium bei einer Übung, also in diesem Fall entweder die Zeitspanne, die Sie von Ihrem Hund fern bleiben, oder die Entfernung zu ihm.

Wenn es nicht klappt: Der häufigste Fehler bei dieser Übung ist es, den Hund zu überfordern, indem Sie zu weit weggehen. Denken Sie daran: Jedes Mal, wenn Ihr Hund aufsteht, hat nicht er einen Fehler gemacht, sondern Sie. Kommt dies häufiger vor, lernt der Hund ganz schnell, dass er Ihre Aufmerksamkeit für sein Aufstehen bekommt. Dadurch belohnen Sie ihn ungewollt für sein unerwünschtes Verhalten. Gestalten Sie deshalb die

Lernschritte so klein, dass Ihr Hund die Übung möglichst rasch richtig verstehen und meistern kann.

Tipp: Wenn Ihr Hund bei dieser Übung immer wieder aufspringt, können Sie ihn zur Absicherung an einen Baum oder eine Bank festbinden. Er kann dann zwar immer noch aufstehen und auf diese Weise das gegebene Signal beenden, aber es gelingt ihm zumindest nicht mehr, zu Ihnen zu laufen oder anderswo schnüffeln zu gehen. Versuchen Sie, das Signal aus der Entfernung zu wiederholen. Setzt sich der Hund anschließend wieder, gehen Sie zu ihm und belohnen ihn. Bitte achten Sie bei der Durchführung der »Sitz – bleib« Übung besonders auf Ihre Körpersprache. Manche Hunde springen auf, sobald ihr Besitzer die Hand zur Tasche bewegt oder wenn er sich vom Hund abwendet. Indem Sie immer mal wieder Ihre Körperhaltung ändern, gewöhnen Sie Ihren Hund daran.

Das Programm für die 5. Woche

Selbst wenn es anfangs etwas anstrengend ist und manche Übungen schlechter gelingen: Ihr Hund soll lernen, Ihnen auch im größten Getümmel seine volle Aufmerksamkeit zu schenken. Absolvieren Sie daher auch in dieser Woche Ihre Spaziergänge in Gegenden mit mehr Ablenkung. Nur wenn Ihr Hund damit gar nicht zurechtkommt, führen Sie die Übungen lieber durch, wenn auf dem Spazierweg nicht so viel los ist.

1. Von »Fuß« nach »Seite« wechseln

Ziel: Ihr Hund soll auf Ihr Signal hin von der »Fuß«-Position neben Ihrem linken Bein in die »Seite«-Position neben Ihrem rechten Bein wechseln.

Zweck: Diese Übung hat einen großen praktischen Nutzen im Alltag. Beherrscht Ihr Hund sie, können Sie ihn jederzeit schnell auf die abgewandte Seite des Geschehens nehmen. So ein Seitenwechsel kann beispielsweise nötig sein, um entgegenkommenden Hunden auszuweichen.

Hintergrund: Das Signal für »Laufe an meiner rechten Seite« (»Seite«) kennt Ihr Hund bereits. Jetzt bringen Sie ihm bei, diese Position auf Ihr Signal hin aktiv aufzusuchen.

Signale: Das Hörzeichen ist dasselbe wie für die »Seite«-Übung, also »Seite«, »Hand«, »By« oder ein anderes von Ihnen gewähltes Wort. Als Handzeichen wenden Sie ein kurzes Klopfen auf den rechten Oberschenkel an.

Unser Trainingsrezept – Schritt für Schritt

Handwerkszeug: Für diese Übung benötigen Sie Leckerlis, einen Leckerlibeutel, eine etwa zwei Meter lange Leine sowie ein Halsband oder Brustgeschirr.

Das kann Ihr Hund schon: Das Lobwort sollte bereits eingeübt sein, und der Hund sollte auch schon die Übungen »Seite« und »Fuß« kennen.

Die Übungsschritte: Trainieren Sie diese Übung zunächst auf einer ruhigen Wegstrecke, bis Ihr Hund sie verstanden hat.

1 Der Hund steht an Ihrer linken Seite, also in der »Fuß«-Position. Anders als bei der »Fuß«-Übung halten Sie dieses Mal aber die Leine in der linken Hand.

2 Nun nehmen Sie ein Leckerli in Ihre rechte Hand. Führen Sie diese hinter Ihrem Rücken zum Hund hin, möglichst vor seine Nase. Machen Sie ihn damit aufmerksam.

3 Jetzt locken Sie den Hund mithilfe des Leckerlis hinter Ihrem Rücken auf Ihre rechte Seite. Die Leine sollte dazu ausreichend lang sein. Um Ihren Vierbeiner zu unterstützen, wenden Sie selbst Ihren Blick auf die rechte Seite – also dorthin, wo der Hund ankommen soll. Sobald er dort angelangt ist, sagen Sie das Lobwort und geben ihm das Leckerli. Anschließend führen Sie die Leine nach.

4 Drehen Sie sich wieder in die Ausgangsposition, sodass Ihr Hund wie in Schritt 1 wieder an Ihrer linken Seite steht.

5 Wiederholen Sie die Übung von Schritt 1 bis Schritt 4. Achten Sie dabei aber auch unbedingt auf Ihre Körpersprache. Wenden Sie also Ihren Blick nach rechts, während Sie den Hund hinter Ihrem Rücken mit dem Leckerli von links

Zeigen Sie dem Hund hinter Ihrem Rücken das Leckerli, das Sie in der linken Hand halten.

Ziehen Sie die Hand zu Ihrer rechten Seite und locken Sie den Hund mit dem Leckerli am Rücken vorbei, …

… bis er an Ihrer rechten Seite angekommen ist. Dort erhält er die Belohnung.

nach rechts locken. Folgt der Hund Ihrer Hand zügig auf die rechte Seite, führen Sie das Hörzeichen ein (z. B. »Seite«) und sagen Sie es, kurz bevor Sie damit beginnen, den Hund auf die andere Körperseite zu locken.

Wichtig: Bitte drehen Sie sich selbst nach jedem Übungsdurchgang so, dass der Hund wieder an Ihrer linken Seite steht – und damit in der richtigen Ausgangsposition für den Seitenwechsel nach rechts. Der Wechsel zurück in die »Fuß«-Position« wird zu einem anderen Zeitpunkt geübt.

Bitte ziehen Sie niemals Ihren Hund mit der Leine auf die rechte Seite hinüber. Er soll selbstständig die richtige Position finden, einzig unterstützt von den Leckerlis in Ihrer Hand. Nur so wird er die Übung zuverlässig verinnerlichen.

Wenn es nicht klappt

Leinensalat: Wenn Sie Probleme mit dem Leinenwechsel haben, führen Sie die Übung am besten zu Hause im Wohnzimmer oder im Garten ohne Leine durch.

Für Welpen geeignet

In der vergangenen Woche haben Sie bereits die Aufforderung »Seite« mit Ihrem Welpen geübt. Nun können Sie damit beginnen, auch den Wechsel von Ihrer linken zur rechten Körperseite zu trainieren. Falls der Welpe das »Seite«-Gehen in der letzten Woche noch nicht geschafft hat, üben Sie es bitte zunächst noch einmal, bis die Ausführung sicher gelingt. Erst dann starten Sie mit dem Training des Seitenwechsels.

2. Die Übung »Sitz« auf Entfernung

Ziel: Ihr Hund soll sich auf das Signal hin auch in größerer Entfernung von Ihnen hinsetzen.

Zweck: Diese Übung können Sie hervorragend immer dann einsetzen, wenn es gilt, den Hund schnell zu stoppen – etwa wenn sich plötzlich ein Fahrradfahrer oder Jogger nähert. Mit dieser Übung lernt Ihr Vierbeiner also, dass das Signal »Sitz« immer gilt, ganz egal, wo er sich gerade aufhält – und sei es in einiger Entfernung von Ihnen.

Hintergrund: Manchmal nähern sich gerade Fahrradfahrer so rasch, dass Sie keine Zeit mehr haben, Ihren Hund zu sich zurückzurufen. In solchen Situationen ist es sehr hilfreich, wenn Sie Ihren vierbeinigen Freund aus der Entfernung in eine sitzende Position bringen und auf diese Weise schnell stoppen können. So läuft Ihr Hund keine Gefahr, beim Zurückkommen den Weg zu kreuzen und womöglich mit dem Radfahrer zu kollidieren.

Signale: Als Hör- und Handzeichen werden die gleichen Signale wie für die »Sitz«-Übung verwendet, also das Wort »Sitz« und der erhobene Zeigefinger.

Unser Trainingsrezept – Schritt für Schritt

Handwerkszeug: Sie benötigen für diese Übung Leckerlis, einen Leckerlibeutel, eine zwei bis zehn Meter lange Leine sowie ein Brustgeschirr.

Das kann Ihr Hund schon: Das Lobwort sollte bereits konditioniert sein, und die Übung »Sitz« muss auf Signal hin zuverlässig klappen.

Die Übungsschritte: Für einen Hund ist es keineswegs selbstverständlich, ein bestimmtes Signal auch dann zu befolgen, wenn er sich in einiger Entfernung zu seinem Besitzer aufhält. Die meisten Hunde haben vielmehr die Tendenz, erst einmal zu Herrchen oder Frauchen zu laufen und dann das Signal auszuführen. Um dies zu verhindern, binden Sie Ihren Hund bei den ersten Übungsdurchläufen fest.

1 Sie stehen direkt vor Ihrem angebundenen Hund und geben das Signal »Sitz«. Setzt sich der Hund, sagen Sie sein Lobwort und geben ihm ein Leckerli. Anschließend folgt, wie gewohnt, das Auflösesignal.

2 Nun entfernen Sie sich einen Schritt rückwärts von Ihrem immer noch angebundenen Hund. Geben Sie von dort erneut das »Sitz«-Signal. Setzt sich der Hund oder berührt sein Hinterteil den Boden, sagen Sie sofort das Lobwort. Anschließend gehen Sie zum Hund zurück und geben ihm ein Leckerli. Dies wiederholen Sie drei Mal.

3 Gehen Sie als Nächstes zwei Schritte vom Hund weg und geben von dort aus das Signal zum Sitzen. Wieder sagen Sie das Lobwort aus der Entfernung, sobald sich Ihr Vierbeiner setzt. Anschließend gehen Sie zu ihm zurück, um ihm das verdiente Leckerli zu verabreichen. Auch diesen Schritt wiederholen Sie drei Mal.

4 Vergrößern Sie die Entfernung, aus der Sie »Sitz« sagen, Schritt für Schritt. Der Ablauf ist dabei immer derselbe.

5 Anschließend wiederholen Sie die Übung an verschiedenen Orten, um sie zu generalisieren. Jedes Mal, wenn Sie einen neuen Ort wählen, entfernen Sie sich im ersten Übungsdurchgang nur so viele Schritte von Ihrem Hund, wie es im letzten Durchgang zuverlässig geklappt hat.

Wichtig: Sagen Sie immer genau in dem Moment das Lobwort, in dem das Hinterteil des Hundes den Boden berührt. Achten Sie also bitte auf Ihr korrektes Timing. Falls der Hund aufsteht, nachdem Sie das Lobwort gesagt haben, ist das in Ordnung – selbst wenn Sie in dem Moment noch einige Meter von ihm entfernt sein sollten.

Tipp: Bitte achten Sie darauf, dass der Hund Ihr Signal auch wirklich mitbekommt. Je weiter Sie von ihm entfernt sind, desto leichter kann Ihr Hund von anderen Dingen abgelenkt werden. Machen Sie ihn deshalb erst auf sich aufmerksam, bevor Sie das Signal zum Sitzen geben.

Wenn es nicht klappt

Zu anhänglich: Bei dieser Übung zeigen viele Hunde die Tendenz, zu ihrem Besitzer zu laufen. Sie wollen sich, wie gewohnt, direkt vor oder neben den Hundebesitzer setzen. Ihr Hund muss erst lernen, dass ein »Sitz« auf Entfernung bedeutet: »Setz dich genau dort hin, wo du dich gerade befindest, auch wenn dein Mensch weiter weg ist.« Die einzige Möglichkeit zu verhindern, dass Ihr Hund nach dem »Sitz«-Signal zu Ihnen läuft, ist, ihn anfangs irgendwo anzuleinen. Später, wenn die Übung besser klappt, lösen Sie die Leine.

Für Welpen ungeeignet

Mit den Übungen »Sitz« und »Platz« auf Entfernung empfehlen wir, bei Welpen noch etwas zu warten. Diese Aufgaben sind zu schwierig für Ihren Welpen. Schließlich hat der Welpe gerade erst gelernt, überhaupt »Sitz« und »Platz« zu machen. Trainieren Sie diese Übungen daher lieber noch weiter in unmittelbarer Nähe zum Welpen. Wenn sie gelingen, wäre der nächste Schritt, sie unter Ablenkung zu wiederholen oder die Dauer des »Sitz« bzw. »Platz« zu erhöhen.

3. Die Übung »Platz« auf Entfernung

Ziel: Ihr Hund soll sich auf das Signal »Platz« hin sofort hinlegen – egal, wo er sich gerade befindet, also auch in größerer Entfernung zu Ihnen.

Zweck: »Platz« auf Entfernung können Sie einsetzen, um den Hund schnell zu stoppen, wenn es die Situation erfordert. Anwendung und Funktion dieser Übung sind dieselben wie bei »Sitz« auf Entfernung.

Hier klappt es schon: Das »Sitz«-Signal wird in Entfernung gegeben, und der Hund setzt sich. Noch ist er mit der Leine abgesichert.

Achten Sie darauf, dass Ihr Hund die ganze Zeit über aufmerksam ist und Ihr »Sitz«-Signal auch wirklich mitbekommt.

Hintergrund: Sie haben bereits »Sitz« auf Entfernung geübt und fragen sich wahrscheinlich: Wozu brauche ich noch »Platz« auf Entfernung? Ganz einfach: In manchen Situationen ist es besser, den Hund aus der Entfernung zu veranlassen, sich hinzulegen statt sich hinzusetzen. Manche Hunde legen sich auch schneller ins »Platz« und bleiben dort sicherer liegen, als dass sie sich setzen und diese Position über eine längere Zeit hinweg halten. So können Sie je nach Situation und Hund jederzeit flexibel reagieren.

Signale: Verwenden Sie die gleichen Signale wie bei der »Platz«-Übung, also als Hörzeichen das Wort »Platz« und als Handzeichen die nach unten gehaltene Handfläche.

Unser Trainingsrezept – Schritt für Schritt

Handwerkszeug: Sie benötigen für diese Übung Leckerlis, einen Leckerlibeutel, eine zwischen zwei und zehn Meter lange Leine sowie ein Brustgeschirr.

Das kann Ihr Hund schon: Das Lobwort ist bereits eingeübt, und die Übung »Platz« klappt zuverlässig auf das Signal hin.

Die Übungsschritte: Da die Schritte dieselben sind wie bei der Übung »Sitz« auf Entfernung, gehen Sie genauso vor, wie dort beschrieben. Der einzige Unterschied ist, dass Sie Ihren Hund mit dem Signal »Platz« veranlassen, sich hinzulegen.

Wenn es nicht klappt

Unangenehmer Untergrund: Denken Sie auch bei dieser Übung daran, dass sich manche Hunde nicht gerne auf einen für sie unangenehmen Untergrund legen. Gerade Hunde mit wenig Fell können in dieser Hinsicht sehr empfindlich sein. Achten Sie deshalb darauf, wo sich Ihr Vierbeiner gerade befindet, wenn Sie das »Platz«-Signal geben. Üben Sie systematisch mit dem Tier auf unterschiedlichen Untergründen.

4. Die Umkehrübung

Ziel: Auf Ihr Signal hin soll der Hund an Ihrer Seite einen schnellen Richtungswechsel vollziehen.

Zweck: Diese Übung ist sehr praktisch, um auf schmalen Wegen Begegnungen – etwa mit entgegenkommenden Mensch-Hund-Teams – zu vermeiden, sofern keine anderen Ausweichmöglichkeiten bestehen.

Hintergrund: In Situationen, in denen Sie nicht ausweichen können, ist es manchmal besser, den Rückzug anzutreten. So lässt sich möglichem Stress von vornherein im Wortsinn aus dem Weg gehen. Selbst wenn Ihr eigener Vierbeiner keine Probleme mit Begegnungssituationen hat, etwa mit anderen Hunden, kann es dennoch zu unangenehmen Zwischenfällen kommen. Dann nämlich, wenn der entgegenkommende Hund nicht so gelassen an der Leine ist oder stark daran zieht. Sobald Ihr Hund die Umkehrübung beherrscht, kön-

Sobald Sie seine Aufmerksamkeit haben, beginnen Sie mit dem Eindrehen nach rechts zur 180 Grad-Wende.

nen Sie in solchen Situationen einfach ein Stück zurückgehen. Dort weichen Sie an einer breiteren Stelle oder einem kleinen Seitenweg aus und lassen die anderen passieren. Die Umkehrübung ist ebenfalls ein bewährtes Mittel, um möglichen Eskalationen bei Begegnungen mit Joggern oder Fahrradfahrern vorzubeugen.

Signale: Als Hörzeichen eignen sich etwa die Worte »Kehr um«, »Wir gehen«, »Wenden« oder »Rückzug«.

Unser Trainingsrezept – Schritt für Schritt

Handwerkszeug: Sie benötigen Leckerlis, einen Leckerlibeutel, eine maximal 1,5 Meter lange Meter Leine (oder kurzgehaltene Schleppleine) sowie ein Halsband oder Brustgeschirr.

Das kann Ihr Hund schon: Das Lobwort sollte bereits konditioniert sein.

Die Übungsschritte: Ihr Hund lernt bei dieser Übung, auf Signal mit Ihnen zusammen sofort und zügig die Richtung zu wechseln. Zumindest zu Beginn sollten Sie Ihren Vierbeiner dabei an der kurzen Leine führen. Läuft der Hund an der Schleppleine voraus, dann rufen Sie ihn heran und nehmen die Leine für diese Übung ganz kurz. Alternativ können Sie auch die kurze Leine einhaken.

1 Gehen Sie mit Ihrem Hund an der kurzen Leine einen Weg entlang. Der Hund läuft dabei an Ihrer rechten Seite.

2 Nun nehmen Sie ein Leckerli in die rechte Hand und machen Ihren Hund aufmerksam. Sobald er aufmerksam ist, vollziehen Sie eine 180-Grad-Wende nach rechts. Führen Sie Ihren Hund dabei an Ihrer rechten Seite mit dem Leckerli vor der Nase, sodass er mit Ihnen die Wende macht. Unmittelbar danach sagen Sie das Lobwort und geben ihm das Leckerli.

3 Anschließend gehen Sie weiter in die nun eingeschlagene Richtung – zur Not so lange, bis sich Ihnen eine Ausweichmöglichkeit bietet.

4 Jetzt wiederholen Sie die Schritte 1 bis 3 mehrmals, bis das Tier die Wende mit Ihnen zügig und flüssig meistert. Ihr Hund ist nun so weit, dass Sie das Signal einführen können.

5 Wie in Schritt 1 gehen Sie wieder mit dem Hund an der kurzen Leine. Kurz bevor Sie zur nächsten Wende ansetzen, sagen Sie Ihrem Hund das gewünschte Signal, beispielsweise »Kehr um«. Führen Sie anschließend den Hund sofort in einer 180-Grad-Kurve rechts herum, wie oben beschrieben. Auch bei dieser Übung bekommt er natürlich sofort nach der Wende das Lobwort und das Leckerli.

So geht's weiter: Wenn die Übung nach einigen Wiederholungen auf der rechten Seite gut klappt, spricht nichts dagegen, sie auch auf der linken Seite zu trainieren. Gehen Sie dabei genauso vor wie in den beschriebenen Übungsschritten, nur dass Sie Ihren Hund anfangs an der linken Seite führen und sich dann entsprechend nach links umwenden. Benutzen Sie dazu allerdings später ein anderes Wort.

Wenn es nicht klappt

Zu forsche Drehung: Manche Hunde erschrecken sich, wenn sich ihr Herrchen oder Frauchen zu plötzlich umwendet. Machen Sie daher die ersten Wenden besonders vorsichtig und bedrängen Sie den Hund dabei nicht.

Unattraktives Leckerli: Ist das Leckerli nicht interessant genug, folgt der Hund Ihnen womöglich nicht bei der Wende. Wählen Sie daher immer sehr schmackhafte Häppchen.

Für Welpen geeignet

Die Umkehrübung können Sie problemlos mit Ihrem Welpen üben. Bitte achten Sie aber bei Ihrem Welpen besonders darauf, ihm beim Drehen nicht auf die Pfoten zu treten. Andernfalls würde Ihr Welpe zukünftig immer auf Abstand gehen, sobald Sie zu einer Wende ansetzen.

Wiederholungen in der 5. Woche

Spätestens beim zweiten oder dritten Spaziergang dieser Woche sollten Sie damit beginnen, weiter an den Übungen der vorangegangenen Wochen zu feilen. Dies ist unbedingt nötig, damit die Übungen auch im Alltag problemlos klappen. Bei den hier beschriebenen Wiederholungen kommen mehr und mehr Begegnungssituationen zum Einsatz.

1. Das Aufmerksamkeitswort bei Begegnungen

Trainieren Sie gezielt in Situationen, bei denen Ihnen ein anderes Mensch-Hund-Team entgegenkommt. Zunächst sagen Sie das Aufmerksamkeitswort, wenn die Ablenkung noch ein gutes Stück von Ihnen entfernt ist. Klappt die Übung bereits gut? Schaut Ihr Hund Sie an, sobald Sie das Signal geben? Dann warten Sie mit dem Signal beim nächsten Mal so lange, bis die Ablenkung bereits etwas näher herangekommen ist. Wie groß der Mindestabstand sein sollte, hängt davon ab, welcher Art die Ablenkung ist. Sind es fremde Menschen, Hunde oder Reiter? Wenn Sie es schaffen, dass sich Ihr Hund trotzdem zu Ihnen umdreht, sind Sie ein großes Stück vorangekommen.

Wenn es nicht klappt: Falls der Hund nicht, wie von Ihnen gewünscht, reagiert, wählen Sie beim nächsten Übungsdurchgang eine deutlich einfachere Situation. Oder Sie geben Ihrem Hund das Aufmerksamkeitssignal schon, wenn die Ablenkung noch sehr weit von Ihnen entfernt ist.

Für Welpen geeignet: Da sich Ihr Welpe viel leichter ablenken lässt als ein erwachsener Hund, reagiert er für gewöhnlich schon viel früher auf ein entgegenkommendes Mensch-Hund-Team. Falls nötig, gehen Sie einen Übungsschritt zurück und führen die Übung bei entsprechenden Gelegenheiten ohne Ablenkung durch. Sichern Sie Ihren Welpen in jedem Fall mit der Leine ab, damit er nicht einfach zu anderen Menschen mit Hunden oder einer sonstigen Ablenkung läuft.

2. Die Rückrufübung mit Wortsignal und Pfeife an der Zehn-Meter-Leine mit steigender Ablenkung

Übung mit Wortsignal: Führen Sie die Übung bei einer etwas stärkeren Ablenkung durch. Wählen Sie dazu erneut das von Ihnen festgelegte Rückrufwort, etwa »Hier«. Sobald auf dem Spaziergang etwas auftaucht, was zwar das Interesse Ihres Hundes weckt, ihn aber nicht komplett in den Bann zieht, beginnen Sie mit der Rückrufübung. Die Ablenkungen können unterschiedliche Begegnungssituationen sein, allerdings zunächst noch in größerer Entfernung – etwa in rund 100 Metern. Natürlich müssen Sie Ihren Hund dabei mit der Schleppleine absichern. Bedenken Sie, dass Hunde in Sachen Ablenkung ganz untertschiedlich reagieren. Was der eine Hund total interessant findet, lässt den anderen völlig kalt. Beobachten Sie deshalb Ihren Vierbeiner genau: Auf welche Ablenkung spricht er an? Und in welchen Entfernungen? Führen Sie die Übung mit stetig steigender Ablenkung durch, aber achten Sie darauf, die Ablenkung angemessen und nur Schritt für Schritt zu steigern.

Wenn es nicht klappt: Gerade wenn die Ablenkungssituationen gesteigert werden, kann es passieren, dass Ihr Hund nicht sofort auf Ihr Rufen hin zu Ihnen läuft. In solchen Fällen war die Ablenkung bereits zu groß – also zu verführerisch für Ihren Hund. Das macht nichts. Holen Sie Ihren Hund einfach gleichmäßig und ohne an der Leine zu rucken zu sich heran, wie einen Fisch an der Angel. Loben Sie ihn trotzdem, sobald er bei Ihnen angekommen ist. Das nächste Mal rufen Sie ihn bei einer weniger starken Ablenkung (siehe auch Seite 60–61).

Übung mit Pfeife: Trainieren Sie den Rückruf mit Pfeife in dieser Woche noch ohne Ablenkung, also auf einem Weg, der frei von anderen Fußgängern und vor allem anderen Hunden ist.

Für Welpen geeignet: Führen Sie bei dieser Übung vier von fünf Durchgängen ohne Ablenkung durch, nur auf diese Weise kann sich die Übung bei Ihrem Welpen richtig gut festigen.

Übung 1: Je nach Hund können vorbeikommende Radfahrer eine sehr große Ablenkung darstellen.

Übung 4: Verbinden Sie »Sitz« mit der Aufmerksamkeitsübung bei Ablenkung. Ihr Hund sitzt und schaut Sie an.

3. Die Selbstguckerübung bei steigender Ablenkung

In dieser Woche trainieren Sie die Übung z. B. mit Sicht auf einen anderen Hund. Nähert sich Ihnen ein Mensch-Hund-Team, bleiben Sie in dem Moment stehen, in dem Ihr Vierbeiner die anderen entdeckt hat. Warten Sie ab, bis er sich selbstständig zu Ihnen umdreht. Er ist ja mit der Leine abgesichert und kann nicht einfach auf den anderen Hund zulaufen. Seien Sie geduldig, auch wenn es etwas dauern sollte, bis Ihr Hund sich umdreht. Geben Sie ihm dann eine hochwertige Belohnung.

Für Welpen bedingt geeignet: Ist Ihr Welpe nicht mit einer Schleppleine abgesichert, gestalten Sie die Übung etwas anders. Noch können Sie nicht erwarten, dass sich Ihr Welpe selbstständig zu Ihnen umdreht und zu Ihnen kommt. Falls Ihr Hundekind einem anderen Hund begegnet, bestünde die Gefahr, dass es zu dem fremden Tier läuft, um es zu

begrüßen. Deshalb gilt hier: Entdeckt Ihr Welpe einen anderen Hund, rufen Sie ihn zu sich und leinen ihn an. Besser ist natürlich, Sie entdecken den fremden Hund zuerst, und nutzen den Informationsvorsprung. Anschließend können Sie immer noch entscheiden, ob Ihr Welpe zu dem anderen Hund laufen und mit ihm spielen darf – sofern dessen Besitzer einverstanden ist. Lassen Sie niemals Ihren Welpen selbstständig entscheiden, ob er sich einfach einem fremden Hund nähern darf. Er wird es sich sonst schnell zur Gewohnheit machen.

4. Die Übung »Sitz« mit weiter steigender Ablenkung

Üben Sie »Sitz« mit immer weiter steigender Ablenkung. Eine Steigerung gegenüber der letzten Woche wäre z. B., dass Ihr Hund am Wegrand sitzt, während Spaziergänger direkt an ihm vorbeigehen. Probieren Sie, ob die Übung auch klappt, wenn ein Reiter an Ihnen vorbeireitet. Sollte sich Ihr Hund schon gut konzentrieren können, bleibt er vielleicht bereits am Wegrand sitzen, wenn ein anderes Mensch-Hund-Team an Ihnen vorübergeht. Verbinden Sie die Aufmerksamkeitsübung mit der Übung »Sitz« bei Ablenkung: Sagen Sie Ihr Aufmerksamkeitswort »Kuck mal«, während Ihr Hund am Wegrand sitzt und die Ablenkung vorbeigeht. Bestärken Sie immer wieder den Blickkontakt Ihres Vierbeiners zu Ihnen – vor allem bei Ablenkung.

Für Welpen geeignet: Diese Übung können Sie auch schon mit Ihrem Welpen trainieren. Der einzige Unterschied zum Training mit einem bereits älteren Hund ist: Sie sprechen den Namen Ihres Welpen aus, um seine Aufmerksamkeit zu erlangen, denn Sie haben ja zu diesem Zeitpunkt noch kein Aufmerksamkeitswort bei Ihrem Welpen eingeführt.

5. Die »Fuß«-Übung mit verlängerter Strecke und Einführung des Hörzeichens

Wie schon in der letzten Woche arbeiten Sie daran, die Strecke immer weiter zu verlängern, die Ihr Hund »bei Fuß« läuft. Sobald dies schon gut funktioniert und Ihr Vierbeiner ein Stück flüssig und aufmerksam an Ihrer linken Seite geht, führen Sie das Hörzeichen »Fuß« ein.

So klappt's: Bevor Sie den ersten Schritt mit dem Hund an Ihrer linken Seite machen, sagen Sie »Fuß«. Danach laufen Sie mit einem Leckerli in der Hand los und gehen genau wie bereits auf den Seiten 50–52 beschrieben vor.

Bitte beachten: Damit der Hund das Hörzeichen wahrnimmt, ist es von großer Bedeutung, dass Sie das Wort »Fuß« sagen, bevor Sie losgehen. Für Ihren Vierbeiner ist das Loslaufen nämlich längst zum eigenständigen Körpersignal geworden. Das neue Signal müssen Sie aus diesem Grund immer ganz kurz vor dem Körpersignal geben, denn für Hunde haben Körpersignale immer eine höhere Wertigkeit als Hörzeichen.

6. Die Übung »Platz« mit Ablenkung an unterschiedlichen Orten

Für diese Übung suchen Sie sich in dieser Woche gezielt Ablenkungen aus. Trainieren Sie etwa neben einem Schafgatter oder einer Kuhweide. Verlangen Sie dabei das »Platz« zunächst in einem größeren Abstand von der Weide, z.B. in 30 Meter Entfernung. Anschließend arbeiten Sie sich langsam heran. Praktizieren Sie die Übung außerdem auch einmal am Wegesrand, sobald Spaziergänger oder Jogger vorbeikommen.

Für Welpen bedingt geeignet: Wenn Ihr Welpe noch nie zuvor Schafe oder Kühe auf einer Weide gesehen hat, sind die ersten Begegnungen mit diesen Tieren eine fesselnde Erfahrung für ihn. Verzichten Sie in diesem Fall darauf, »Platz« zu üben. Geben Sie Ihrem Welpen stattdessen Gelegenheit, sich an solche Tiere zu gewöhnen. So lernt er, dass Kühe, Schafe oder anderes Vieh keine Gefahr für ihn darstellen. Loben Sie ihn, wenn er sich ruhig verhält, und üben Sie gezielt, dass er sich nach einiger Zeit von den Tieren abwendet. Das »Platz« unter einer derartigen Ablenkung trainieren Sie erst, wenn Ihr Welpe mehrfach die Möglichkeit hatte, Weidetiere kennenzulernen, und sich ihnen gegenüber neutral verhält.

7. Das Abbruchsignal mit höherem Schwierigkeitsgrad

In der letzten Woche hat Ihr Hund gelernt, dass das Abbruchsignal auch dann zu befolgen ist, wenn Futter auf dem Boden liegt. Jetzt lernt er, dass das Signal an jedem Ort und für alles Fressbare gilt, das er auf dem Spazierweg findet.

Vorbereitung: Für diese Übung müssen Sie etwas vorplanen. Nehmen Sie verschiedene Leckereien mit auf Ihren Gassigang und leinen Sie den Hund an einer passenden Stelle an. Nun legen Sie im Abstand mehrerer Meter immer wieder eine Leckerei auf den Weg. Verwenden sie dazu unterschiedliche Köstlichkeiten, die Sie in variabler Abfolge platzieren – mal ein Stück Käse, mal ein Würstchen, mal ein paar besonders gute Leckerlis. Ebenso eignen sich Leberwurstbrote und Pansenstücke. Wiederholen Sie die Übung im Verlauf des Spaziergangs an ständig wechselnden Orten und gestalten Sie sie so, dass es für den Hund nicht mehr offensichtlich ist, dass Sie etwas ausgelegt haben. Ansonsten stellt sich schnell ein unerwünschter Effekt ein: Ihr Hund lässt alles links liegen, was Sie zuvor hingelegt haben. Gleichzeitig reagiert er nicht auf Ihr Abbruchsignal, wenn er zufällig auf etwas Fressbares stößt.

Die Übung: Gehen Sie mit Ihrem Hund den Weg entlang und sagen Sie das Abbruchsignal, sobald er sich für eine der Leckereien auf dem Boden interessiert. Lässt er davon ab, geben Sie ihm natürlich ein sehr attraktives Leckerli als Belohnung.

8. Die Übung »Sitz-bleib« mit Ausdehnung der Dauer

Bisher haben Sie sich bei der »Sitz-bleib«-Übung darauf konzentriert, den Abstand zum Hund zu vergrößern. In dieser Woche kommt es darauf an, den Zeitraum zu verlängern, den Ihr Hund sitzen bleibt. Ablenkung würde hier eher stören. Ein ruhiger Seitenweg oder eine Wiese etwas abseits Ihres Spazierwegs sind für diese Übung daher besonders geeignet.

Wichtig: Beachten Sie bitte, dass das Vergrößern der Entfernung und das Verlängern der Dauer zwei getrennte Übungen sind. Sprich: Üben Sie entweder, die Entfernung vom sitzenden Hund zu vergrößern, oder aber die Zeitspanne, die er sitzen bleiben soll, zu verlängern. Vermischen Sie die beiden Übungen niemals miteinander.

Übung 7: Etwas Fressbares auf dem Weg – toll, wenn das Abbruchsignal schon an lockerer Leine klappt.

Nimmt Ihr Hund anschließend Blickkontakt zu Ihnen auf, gibt es eine besonders leckere Belohnung.

87

So klappt's: Sagen Sie das »Sitz«-Signal und gehen Sie dann, wie gewohnt, rückwärts vom Hund weg – doch nur so weit, wie Sie sich sicher sein können, dass er noch sitzen bleibt. Wählen Sie nicht die maximale Entfernung, die Sie beim Üben in der Vergangenheit schon erreicht haben. Sie würden Ihren Hund sonst überfordern. Sobald Sie sich entfernt haben, zählen Sie langsam bis drei. Anschließend gehen Sie sofort zum Hund zurück, sagen das Lobwort und geben ihm ein Leckerli, genau wie bei der bisherigen »Sitz-bleib«-Übung. Anschließend wiederholen Sie die Übung. Vergrößern Sie dabei die Zeitspanne, die Sie vom Hund wegbleiben, mit jedem Durchgang – z. B. um jeweils zwei Sekunden. Variieren Sie zwischendurch die Dauer, indem Sie bei einem Durchgang nach kürzerer Zeit zu Ihrem Hund zurückkehren als bei einem anderen. Ihr Vierbeiner soll nicht vorhersehen können, wie lange Sie wegbleiben.

Tipp: Schieben Sie immer wieder einmal kleine Übungspausen ein, in denen Sie den Spaziergang fortsetzen und der Hund sich bewegen und schnüffeln darf. Gerade ungeduldigen oder jungen Hunden fällt es oft sehr schwer, lange ruhig zu sitzen.

Für Welpen bedingt geeignet: Passen Sie die Übung bitte der Konzentrationsfähigkeit Ihres Welpen an. Wir empfehlen Ihnen, mit Ihrem Hundekind lieber weiter »Sitz« in unterschiedlichen Situationen und mit leichter Ablenkung zu üben. Sollte Sie dennoch der Ehrgeiz packen, beginnen Sie beim »Sitz« zunächst äußerst behutsam, die Zeitspanne zu verlängern, bevor Sie die Entfernung vergrößern. Erhöhen Sie die Zeit, die Ihr Welpe im »Sitz« verbringt, immer nur um wenige Sekunden.

9. Die Übung »Seite« über längere Strecken

Beginnen Sie in dieser Woche, Schritt für Schritt die Strecke zu verlängern, die der Hund an Ihrer rechten Seite läuft. Gehen Sie dabei nicht zu lange Zeit eine schnurgerade Strecke, sondern bauen Sie lieber ein paar Kurven ein. Sollten keine Bäume

Mit einem gut erzogenen Hund an der Seite wird jeder Spaziergang zum entspannten Genuss für Mensch und Tier.

für einen Slalom vorhanden sein, arrangieren Sie stattdessen selbst einen kleinen Slalomparcours – beispielsweise mithilfe größerer Steine, die Sie auf dem Weg finden.

Für Welpen bedingt geeignet: Verlängern Sie die Übungsstrecke für Ihren Welpen nur ganz sachte.

10. Die Übung »Platz-bleib« mit vergrößerter Entfernung zum Hund

In der letzten Woche hat Ihr Hund gelernt, im »Platz« liegen zu bleiben, obwohl Sie sich rückwärtsgehend einige Schritte von ihm entfernt haben. In dieser Woche verlängern Sie die Entfernung zum Hund noch weiter. Suchen Sie sich ein Wegstück, an dem nicht zu viel Ablenkung vorhanden ist, und trainieren Sie die Übung, indem Sie sich Schritt für Schritt noch ein kleines Stückchen weiter von Ihrem Vierbeiner entfernen.

Nach einer erfolgreich absolvierten Übung freut sich Ihr Hund darauf, auf Ihren Ruf hin zu Ihnen zu rennen und die verdiente Belohnung – entweder ein Leckerli oder ein tolles Spiel – zu erhalten.

11. Die Übung »Raus da« mit verlängerter Leine

Die Übung »Raus da« trainieren Sie genauso weiter wie in der vergangenen Woche. Nun halten Sie den Hund allerdings an der etwas längeren Schleppleine. Denken Sie daran: Weiter von Ihnen weg bedeutet für Ihren Hund, näher an einer eventuellen Ablenkung dran. Dies kann zu Misserfolgen führen, gerade wenn sich Ihr Hund leicht durch eventuelle Wildgerüche rechts und links des Weges ablenken lässt. Sollte Ihr Hund zu stark abgelenkt sein, verkürzen Sie die Schleppleine wieder ein Stück. Sie können die Aktion, dass Ihr Hund auf den Weg zurückkommt, zusätzlich bestärken, indem Sie nach Ihrem Signal jeweils ein paar Leckerlis auf den Weg werfen.
Für Welpen geeignet: Diese Übung gehört zum Pflichtprogramm auf allen Spaziergängen, die Sie mit Ihrem Welpen absolvieren. Sollten die Gerüche rechts und links Ihres Spazier-

wegs allerdings zu verlockend sein, sichern Sie Ihren Welpen noch eine gewisse Zeit mit der Schleppleine ab.

12. Training für Fortgeschrittene in einem Zoo

Für jeden Hund ist ein Zoobesuch eine besondere Herausforderung. Hier können Sie viele der bislang bekannten Übungen unter ablenkenden Situationen festigen. Erkundigen Sie sich, welcher Zoo das Mitbringen von Hunden gestattet. Es versteht sich von selbst, dass Ihr Hund dort an der kurzen Leine gesichert ist. Außerdem sollte er ein gut passendes Halsband oder Brustgeschirr tragen, aus dem er sich nicht herauswinden kann. Denken Sie bei einem Ausflug in den Zoo auch daran, genügend Wasser und besondere Leckerlis mitzunehmen. Die Vielzahl fremder Gerüche, Geräusche und Tiere können Ihren Hund so aufregen, dass er normale Leckerlis nicht annimmt.

89

Das Programm für die 6. Woche

Mittlerweile steht Ihnen eine ganze Reihe von Übungen zur Verfügung, die Sie mit mal mehr, mal weniger Ablenkung durchführen können. Wählen Sie einfach die Übung, die zur augenblicklichen Situation während des Trainingsspaziergangs am besten passt.

1. Der Wechsel von »Seite« nach »Fuß«

Ziel: Ihr Hund soll auf Ihr Signal hin von der »Seite«-Position neben Ihrem rechten Bein in die »Fuß«-Position neben Ihrem linken Bein wechseln.

Zweck: Sie üben mit Ihrem Vierbeiner den Wechsel von »Seite« nach »Fuß«. Je nachdem, wer Ihnen auf welcher Seite des Weges entgegenkommt, ist es einfach praktisch, wenn der Hund auf Signal mal auf der einen, mal auf der anderen Seite von Ihnen läuft. Dabei soll er in der Lage sein, auf das jeweilige Signal hin zügig auf die gewünschte Seite zu wechseln.

Signale: Das Hörzeichen ist das Gleiche wie für die »Fuß«-Übung, also das Wort »Fuß«, »Heel« oder ein anderes von Ihnen gewähltes Wort. Als Handzeichen dient ein kurzes Klopfen auf Ihren linken Oberschenkel.

Unser Trainingsrezept – Schritt für Schritt

Handwerkszeug: Für diese Übung benötigen Sie Leckerlis, einen Leckerlibeutel, eine etwa zwei Meter lange Leine sowie ein Halsband oder Brustgeschirr.

Das kann Ihr Hund schon: Das Lobwort sollte bereits konditioniert sein. Außerdem sollte der Hund die Übung »Fuß« – an Ihrer linken Seite laufen – und die Übung »Seite« – an Ihrer rechten Seite laufen – schon beherrschen.

Die Übungsschritte: Gehen Sie genauso vor, wie bei dem in der letzten Woche beschriebenen Wechsel von »Fuß« nach »Seite« (siehe Seite 78–79) – nur anders herum. Starten Sie mit dem Hund an Ihrer rechten Seite. Die Leine halten Sie

90

Ein Australian Shepherd braucht sehr viel Bewegung. Aber auch Kopfarbeit ist nötig, um eine so arbeitswillige Rasse auszulasten.

Unterstützen Sie den Wechsel hinter Ihrem Rücken mit einem Handzeichen, z.B. indem Sie auf den linken Oberschenkel klopfen.

Kommt der Hund auf Ihrer linken Seite an, gibt es das Lobwort oder einen Klick und die Belohnung.

in der rechten Hand. Nun locken Sie den Hund mit dem Leckerli hinter Ihrem Rücken auf die linke Seite. Dabei wenden Sie Ihren Blick ebenfalls auf die linke Seite. Ihre Blickrichtung zeigt dem Hund unterstützend, wohin er gehen soll. Sobald er an Ihrer linken Seite angekommen ist, sagen Sie das Lobwort und geben ihm das Leckerli, das Sie in der Hand halten. Anschließend wechseln Sie hinter Ihrem Rücken die Leine von der rechten in die linke Hand.

Da der Hund das Wort »Fuß« schon mit Ihrer linken Seite verbunden hat, können Sie das Hörzeichen »Fuß« nutzen. Geben Sie das Signal kurz vor dem Start. Vielleicht hat Ihr Hund das Hörzeichen bereits so gut verknüpft, dass er zügig an Ihre linke Seite kommt. Das wäre ein schöner Erfolg.

Für Welpen nicht geeignet

Wir empfehlen Ihnen, diese Übung erst später mit dem Junghund durchzuführen, da Ihr Welpe erst in der vergangenen Woche den anderen Wechsel von »Fuß« nach »Seite« gelernt hat. Um Ihren Hund nicht zu verwirren, sollten Sie diese Übung zunächst ein paar Wochen so durchführen und erst danach den neuen Wechsel trainieren.

2. Die Übung »Hinter mir«

Ziel: Der Hund lernt, hinter seinem Besitzer zu laufen.
Zweck: Diese Übung ist immer dann hilfreich, wenn es einmal eng wird und der Hund nicht neben Ihnen laufen kann oder soll – beispielsweise auf einem schmalen Pfad, auf dem

91

Weg zwischen parkenden Autos hindurch oder wenn es aus anderen Gründen praktisch erscheint. Ebenso sinnvoll ist sie bei Hunden, die zum Losstürmen neigen oder an der Leine ziehen, besonders in sehr unübersichtlichen Situationen und an Wegkreuzungen. Bitte achten Sie darauf, die Übung immer nur kurzzeitig durchzuführen. Ihr Hund sollte nicht dauerhaft hinter Ihnen herlaufen.

»Hinter mir« ist eine praktische Übung, wenn Sie mit Ihrem Hund auf einem schmalen Pfad, etwa in den Bergen bergab, gehen.

Signale: Verwenden Sie als Hörzeichen die Worte »Hinter mir« und als Handzeichen eine Hand, die mit der Handfläche nach hinten an den Rücken gehalten wird.

Für Welpen bedingt geeignet

Wenn Sie die Trainingsspaziergänge bereits mit einem etwas älteren Welpen von zwölf Wochen begonnen haben, können Sie diese Übung mit Ihrem inzwischen 18 Wochen alten Junghund problemlos angehen. Ist Ihr Welpe in der sechsten Trainingswoche hingegen erst etwa 14 oder 15 Wochen alt, empfehlen wir, die Übung auf einen späteren Zeitpunkt zu verschieben. Ob Sie Ihrem Welpen diese Aufgabe schon in der sechsten Trainingswoche stellen sollten, hängt auch ein wenig davon ab, wie weit Sie mit der »Fuß«- und »Seite«-Übung fortgeschritten sind.

Unser Trainingsrezept – Schritt für Schritt

Handwerkszeug: Sie benötigen für diese Übung Leckerlis, einen Leckerlibeutel, eine etwa zwei Meter lange Leine sowie Halsband oder Brustgeschirr.

Das kann Ihr Hund schon: Das Lobwort sollte bereits konditioniert sein.

Die Übungsschritte:

1 Der Hund ist an der kurzen Leine in Ihrer Nähe. Sie halten die Leine in Ihrer linken Hand. Nun nehmen Sie ein Leckerli in Ihre rechte Hand und drehen sich so, dass Sie mit dem Rücken zum Hund stehen.

2 Halten Sie Ihre Hand hinter Ihren Rücken und machen Sie den Hund auf das Leckerli darin aufmerksam. Gehen Sie nun einige Schritte vorwärts und locken Sie Ihn auf diese Weise mit. Läuft er mit der Nase an Ihrer Hand hinter Ihnen her, sagen Sie das Lobwort, und geben anschließend das Leckerli aus der Hand. Danach lösen Sie die Übung auf.

Wiederholen Sie sie zwischendurch immer wieder einmal auf Ihren täglichen Spaziergängen – am besten mehrmals.

3 Sobald Ihr Hund nach einigen Wiederholungen Ihrer an den Rücken gehaltenen Hand zügig folgt, führen Sie das Hörzeichen ein. Dazu machen Sie den Hund zunächst mit seinem Namen aufmerksam und sagen danach das Signal: »Hinter mir«. Erst jetzt führen Sie die Hand mit dem Leckerli auf Ihren Rücken. Sie können Ihrem Hund ein wenig helfen, indem Sie sich mit dem Rücken wieder leicht zu ihm eindrehen.

Wenn es nicht klappt

Ungewohnte Position: Manche Hunde irritiert es, plötzlich hinter dem Besitzer zu laufen, denn in dieser Position ist der schon gewohnte Blickkontakt zu Herrchen oder Frauchen nicht möglich. Es kann daher vielleicht bei Ihrem Hund etwas dauern, bis er zuverlässig hinter Ihnen bleibt und nicht ständig versucht, an Ihnen vorbeizukommen. Hier hilft nur stetiges Üben. Auch ein Zaun oder eine Mauer auf einer Seite kann hilfreich sein. Führt Ihr Spaziergang an einer solchen Begrenzung vorbei, bauen Sie diese ruhig in Ihre Übung ein. Gehen Sie dabei so dicht neben ihr, dass der Hund nicht zwischen Ihnen und dem Zaun oder der Mauer vorbeikommt.

3. Das Radiustraining

Ziel: Der Hund soll beim Spaziergang mit Ihnen stets einen bestimmten Radius einhalten, später auch ohne Schleppleine. Das bedeutet, dass er eine bestimmte Distanz zu Ihnen nicht überschreitet – als gäbe es eine unsichtbare Grenze.

Zweck: Die Übung soll Ihren Hund davon abhalten, sich zu weit von Ihnen zu entfernen.

Hintergrund: Auf dem täglichen Spaziergang wechselt die Umgebung und mit ihr die Art und Anzahl möglicher Ablenkungen. Je größer der Abstand zwischen Ihnen und dem

Gemeinsame Beutespiele sind möglich, wenn sich zwei Hunde gegenseitig vertrauen.

Ist ihr Hund mit einem Hundekumpel unterwegs, achten Sie besonders darauf, dass der Abstand zu Ihnen nicht zu groß wird.

93

Hund, desto näher ist er einer potenziellen Ablenkung. Damit steigt die Gefahr, dass Sie in kritischen Situationen keinen Einfluss mehr auf Ihren Vierbeiner haben. Ein Beispiel: Sie gehen mit dem Hund einen Feldweg entlang. Plötzlich springt ein Hase aus dem Randstreifen auf und rennt los. Befindet sich der Hund in dem Moment in Ihrer Nähe, haben Sie die Chance, ihn mit einem »Nein« oder anderen Abbruchsignal zu stoppen und anschließend heranzurufen. Nähe bedeutet zu diesem Zeitpunkt des Trainings, dass sich Ihr Hund in einem Radius von maximal zehn Metern von Ihnen bewegt. Später kann der Radius auf 15 Meter erweitert werden – dies ist abhängig vom Charakter Ihres Hundes. Ist Ihr Hund in einem solchen Moment zu weit von Ihnen entfernt, haben Sie so gut wie keine Möglichkeit mehr, auf ihn einzuwirken und ihn davon abzuhalten, dem flüchtenden Hasen nachzusetzen. **Signale:** Als Hörzeichen können Sie beispielsweise die Worte »Stopp«, »Halt« oder »Warte« verwenden.

Tipp: Diese Übung sollten Sie eigentlich immer durchführen, sobald Sie mit Ihrem Hund in Wald und Feld unterwegs sind und er frei oder an der Schleppleine laufen darf. Sie absolvieren sie so lange, bis Ihr Hund sie derart verinnerlicht hat, dass er auch ohne Schleppleine immer einen bestimmten Radius zu Ihnen einhält.

Unser Trainingsrezept – Schritt für Schritt

Handwerkszeug: Sie benötigen für diese Übung Leckerlis, einen Leckerlibeutel, eine etwa acht bis zehn Meter lange Leine sowie ein Brustgeschirr.

Das kann Ihr Hund schon: Das Lobwort sollte konditioniert sein. Außerdem sollte der Hund in den vergangenen Wochen mit der Stück für Stück verlängerten Leine gelernt haben, nicht in diese hineinzurennen oder daran zu ziehen (siehe auch unsere Tipps zur Schleppleinenlänge, Seite 17–18).

Die Übungsschritte:

1 Sie gehen mit Ihrem Hund an der acht bis zehn Meter langen Leine. Kurz bevor er die volle Leinenlänge ausgereizt hat, sagen Sie das Signal »Stopp«. Halten Sie währenddessen das Ende der Leine fest, sodass Ihr Vierbeiner nun seinen Radius nicht erweitern kann.

2 Warten Sie so lange, bis sich Ihr Hund von alleine umdreht. Macht er dies und schaut in Ihre Richtung, loben Sie ihn. Kommt er daraufhin zu Ihnen, erhält er ein Leckerli als Belohnung. Läuft der Hund anschließend einfach weiter, geht dies auch in Ordnung. Das Ziel der Aufgabe ist ja erreicht, sobald der Hund auf Ihr »Stopp«-Signal hin kurz innehält, sodass Sie den Abstand zu ihm wieder verringern können. Damit dies gelingt, wickeln Sie die Leine einfach auf, während Sie sich Ihrem Vierbeiner nähern. Lassen Sie den Hund auf diese Weise so lange nicht weiterlaufen, bis Sie die Dis-

Die Hunderassen wurden zu unterschiedlichen Zwecken gezüchtet. Airedale Terrier wurden beispielsweise auch zur Jagd eingesetzt.

Wer schneller rennt, darf die Beute behalten. Bei solch rasanten Rennspielen können sich Hunde tüchtig austoben.

tanz wieder um etwa die Hälfte verringert haben. Unterstützend zu dieser Übung verstärken Sie auch immer wieder den Blickkontakt des Hundes zu Ihnen.

So geht's weiter: Diesen Übungsablauf wiederholen Sie immer wieder in all jenen Situationen, in denen der Hund aus dem Radius der Leine zu laufen droht. Mit der Zeit wird Ihr Vierbeiner bereits vor Ihrem Signal und damit vor dem Ende der Schleppleine kurz warten, bis sich der Abstand zu Ihnen wieder verringert hat. Sobald der Zeitpunkt kommt, dass Sie die Schleppleine nicht mehr benutzen, sollten Sie weiterhin darauf achten, dass Ihr Hund ungefähr diesen Abstand einhält. Sollte er sich weiter als acht bis zehn Meter von Ihnen entfernen wollen, stoppen Sie ihn mit dem bis dahin erlernten »Stopp«-Signal.

Für Welpen geeignet

Natürlich sollte auch Ihr Welpe lernen, sich auf dem Spaziergang nicht über einen bestimmten Radius hinaus von Ihnen zu entfernen. Läuft er bereits an der Schleppleine, können Sie wie oben beschrieben vorgehen. Läuft er dagegen weiterhin frei, weil er bislang immer in Ihrer Nähe geblieben ist, dann nutzen Sie diesen Umstand. Arbeiten Sie daran, dass Ihr Welpe erst gar nicht beginnt, seinen Aktionsradius zu vergrößern. Dies gelingt am besten, indem Sie ihn aufmerksam machen, sobald er den gewünschten Radius überschreitet. Rufen Sie dazu seinen Namen, klatschen Sie in die Hände oder gehen Sie geräuschvoll in die andere Richtung. Kehrt er daraufhin zu Ihnen zurück oder wartet, bis sich der Abstand zwischen Ihnen verringert hat, loben Sie ihn ausgiebig.

95

Wiederholungen in der 6. Woche

Verteilen Sie die Wiederholungs- und Fortsetzungsübungen einfach auf Ihre Spaziergänge. Unser Tipp: Am besten legen Sie sich einen Plan in Form einer übersichtlichen Liste an. Auf ihr haken Sie ab, ob und wie oft Sie welche Übung in dieser Woche auf den täglichen Spaziergängen durchgeführt haben. Andernfalls laufen Sie bei zwei bis drei Gassigängen pro Tag Gefahr, den Überblick zu verlieren.

1. Die Aufmerksamkeitsübung mit verlängertem Blickkontakt

In dieser Woche üben Sie, dass der Hund den Blickkontakt zu Ihnen immer länger hält. Zögern Sie dabei die Leckerligabe stetig hinaus. Auf diese Weise muss Ihr Hund Sie immer länger anschauen, bevor er seine Belohnung erhält. Daneben trainieren Sie das Aufmerksamkeitswort in immer schwierigeren Situationen. Üben Sie mal mit und mal ohne Ablenkung. Würden Sie das Aufmerksamkeitswort nur unter Ablenkung üben, bestünde die Gefahr, dass Ihr Hund das Signal mit dem Auftauchen einer Ablenkung verbindet. Dann bekäme das Aufmerksamkeitswort für ihn Signalcharakter für: »Achtung, da kommt etwas Spannendes« und würde nicht mehr funktionieren.

2. Die Rückrufübung mit Hörzeichen und Hundepfeife für Fortgeschrittene

Übung mit der Pfeife: Beginnen Sie in dieser Woche, die Rückrufübung mit der Hundepfeife bei ganz leichter Ablenkung zu trainieren. Die Übung wird dabei genauso wie in der letzten Woche ausgeführt: Sie machen den Hund aufmerksam, pfeifen und rennen in die entgegengesetzte Richtung von ihm weg. Folgt er Ihnen daraufhin und holt Sie ein, belohnen Sie ihn mit dem, was er am liebsten mag: also mit vielen, besonders gu-

Übung 2: **Ein anderes Mensch-Hund-Team taucht auf. Sofort erfolgt der Rückruf.**

ten Leckerlis oder einem kurzen gemeinsamen Spiel mit dem Beutemäppchen oder Ball. Bitte seien Sie hier wirklich nicht sparsam mit der Belohnung. Der Pfiff signalisiert dem Hund unmissverständlich, dass gleich etwas ganz besonders Tolles passiert, sobald er bei seinem Menschen angekommen ist. Durch das Wegrennen wird Ihr Hund zusätzlich zum Nachlaufen animiert. Das verstärkt die Wirkung der Pfeife bzw. des Rückrufsignals. Ihr Hund verknüpft damit folgende Erkenntnis: »Auf dieses Signal hin geht ein super Rennspiel mit meinem Menschen los. Und wenn ich ihn eingeholt habe, bekomme ich auch noch ein großartiges Spiel als Belohnung und/oder ein besonders tolles Leckerli.« Würden Sie von Ihrem Hund nur im Schritttempo weggehen, wäre dies viel langweiliger. Bei den meisten Hunden bewirkt das Wegrennen wahre Wunder.

Um das Signal zu verstärken, wenden Sie und laufen in die entgegengesetzte Richtung davon.

Der Hund folgt Ihnen, an der Schleppleine gesichert. Hat er Sie erreicht, gibt es die verdiente Belohnung.

Übung mit dem Hörzeichen: Das Gleiche gilt für die Übung mit dem Hörzeichen. Auch wenn Sie die Rückrufübung mit dem Wort »Hier« durchführen, gilt immer noch: Drehen Sie sich dabei um und laufen Sie vom Hund ein Stück weg. Dies erhöht die Wahrscheinlichkeit ganz entscheidend, dass er Ihnen folgt und zu Ihnen kommt. Mit dem Hörzeichen können Sie sich noch stärkere Ablenkungen suchen, z. B. eine Begegnung mit anderen Mensch-Hund-Teams, die Ihnen entgegenkommen oder Ihren Weg kreuzen. Oder andere Begegnungen, die Ihren Hund stark ablenken, beispielsweise Radfahrer oder Jogger.

Tipp: Genau wie beim Aufmerksamkeitswort sollten Sie etwa jede zweite Rückrufübung durchführen, ohne dass irgendeine Ablenkung in Sicht ist. Sonst lernt Ihr Vierbeiner ganz schnell: »Wenn mein Mensch ruft oder pfeift, muss doch irgendwo et-

was ganz Spannendes in der Nähe sein.« Statt zügig zu Ihnen zurückzukommen, würde sich Ihr Hund erst einmal umschauen, wo denn dieses interessante »Ding« sein könnte. Um diese falsche Verknüpfung zu vermeiden, sollten Sie Ihren Hund auch dann immer wieder einmal zu sich rufen, wenn sich keine Ablenkung in der Nähe befindet.

Für Welpen geeignet: Führen Sie die Rückrufübung mit Welpen zunächst noch überwiegend ohne Ablenkung durch. Erst muss die Verknüpfung mit dem Wort und der Pfeife richtig sitzen. Für Ihren Welpen sollte das Rückrufsignal – egal, ob Wort oder Pfeife – in erster Linie die Bedeutung haben: »Lauf zu deinem Menschen, und du bekommst eine supertolle Belohnung und viel Spaß.« Wenn Sie das Rückrufsignal beim Welpen schon dazu benutzen, um ihn bei Ablenkung heran-

97

zuholen, würde er sehr schnell lernen: »Wenn der Mensch mich ruft, muss irgendwo anders etwas ganz Tolles sein (etwa ein anderer Hund).« Um diesen unerwünschten Lerneffekt zu verhindern, rufen Sie Ihren Welpen in der Mehrheit der Fälle einfach nur zu Übungszwecken. Anschließend überraschen sie ihn mit einer supertollen Belohnung – einem gemeinsamen Rennspiel, Ballspiel oder Superleckerli.

3. Die Selbstguckerübung für Fortgeschrittene

In der sechsten Übungswoche trainieren Sie die Selbstgucker-übung weiter unter steigender Ablenkung. Beobachten Sie Ih-ren Hund genau und schauen Sie, auf was er in der Umgebung reagiert. Was ist für ihn spannend? Ist es vielleicht der andere Hund, der auf einer Wiese in der Nähe mit seinem Besitzer

Ball spielt? Oder der Jogger, der gerade an einer Parkbank Gymnastikübungen absolviert? Möglicherweise auch ein Vo-gel im Gebüsch? Egal, was Ihren Hund fasziniert, warten Sie, bis er sich zu Ihnen umdreht. Je nach Ablenkbarkeit sollte er dabei aber weiterhin an der Schleppleine abgesichert sein. Na-türlich belohnen Sie ihn, wenn er Sie anschaut. Viele Hunde drehen sich jetzt schon von selbst um, wenn sie irgendetwas Interessantes entdeckt haben, denn sie haben gelernt: »Sehe ich etwas Spannendes und drehe mich zu meinem Menschen um, bekomme ich eine Belohnung.«

4. »Sitz« und »Platz« bei steigender Ablenkung

Sowohl das »Sitz« wie auch das »Platz« werden in dieser Woche unter immer schwierigeren Bedingungen geübt. Auch

Übung 4: Zwei Golden Retriever zeigen »Sitz« und »Platz« in einer noch spannenderen Version.

Aufmerksam behält dieser Colli die Umgebung im Auge. Sein wacher Blick verrät es.

Übung 5: Zum Abbauen des Handzeichens halten Sie die Hand ein Stück höher. Der Hund ist aufmerksam.

Jetzt lassen Sie die Hand herunterhängen, was den Hund kurz irritiert. Warten Sie ab, ob er den Blickkontakt zu Ihnen aufnimmt.

Ist er anschließend ohne Handsignal wieder aufmerksam, bekommt er sofort das Lobwort und ein Leckerli.

hier ist wieder Ihre Beobachtungsgabe gefragt. In welchen Situationen fällt es Ihrem Hund noch besonders schwer, »Sitz« und »Platz« zuverlässig auszuführen? Nutzen Sie gleichzeitig auch das Aufmerksamkeitswort und bestärken Sie mit einem Leckerli den Blickkontakt, den der Hund mit Ihnen hält, während er in einer Ablenkungssituation »Sitz« macht.

Für Welpen bedingt geeignet: Welpen haben manchmal vor unbekannten Dingen oder Situationen Angst. Sobald Ihr Hundekind ängstliches Verhalten auf dem Spaziergang zeigt, können Sie von ihm noch kein »Sitz« oder »Platz« verlangen. Er ist in einem solchen Fall nicht konzentriert. Arbeiten Sie zunächst daran, dass Ihr Welpe seine Furcht vor den angstauslösenden Dingen oder Situationen verliert, und beginnen Sie erst danach, »Sitz« und »Platz« unter Ablenkung zu trainieren.

5. Die Übungen »Fuß« und »Seite« mit Abbau des Handzeichens

Möchten Sie Leckerli oder Handzeichen bei der »Fuß«- und der »Seite«-Übung abbauen, suchen Sie sich dazu unbedingt eine ruhige Stelle auf Ihrem Spaziergang aus. Denn diese Übung verlangt von Ihnen und Ihrem Hund vollste Konzentration.

Abbau der Leckerlis: Geben Sie Ihrem Hund das Hörzeichen »Fuß« oder »Seite«. Das Abbauen der Leckerlis funktioniert für beide Seiten gleich. Sie halten, während Sie gehen, wie gewohnt Ihre Hand in der Nähe der Hundenase, nur haben Sie diesmal keine Leckerlis mehr in dieser Hand. Es kann sein, dass Ihr Hund dies schnell bemerkt und zunächst das Interesse daran verliert, neben Ihnen herzulaufen oder Sie anzuschauen. Jetzt kommt es auf Ihr Timing an. Sie passen den Moment ab,

99

Übung 6: Ein Fremder bietet Ihrem Hund ein Wurststück an. Sichern Sie Ihren Vierbeiner noch mit ...

... der Leine ab und geben Sie das Abbruchsignal. Dreht sich Ihr Hund zu Ihnen um, erhält er eine Belohnung.

in dem Ihr Hund nach der Hand schaut. Er wird dies immer wieder einmal tun, schließlich war ja bisher stets etwas Leckeres drin. Sobald er zu Ihrer Hand blickt, sagen Sie sofort das Lobwort. Geben Sie ihm anschließend das Leckerli aus der anderen Hand oder noch besser direkt aus dem Futterbeutel. Natürlich arbeiten Sie sich hier auch wieder Schritt für Schritt vor, bis der Hund eine immer längere Strecke in »Fuß«-Position neben Ihnen herläuft, obwohl Sie kein Leckerli mehr in der Hand halten.

Beginnender Abbau des Handzeichens: Bei der »Fuß«-Übung haben Sie schon das Hörzeichen eingeführt (siehe Seite 86). Jetzt fangen Sie an, das Handzeichen abzubauen. Nach dem gleichen Muster gehen Sie später dann bei der »Seite«-Übung vor. Sie beginnen die »Fuß«-Übung mit dem Hörzeichen »Fuß« und laufen mit dem Hund an Ihrer linken Seite los. Nach den ersten Schritten halten Sie Ihre Hand allerdings nicht mehr wie bisher direkt vor die Hundenase, sondern einfach ein Stück höher – ungefähr so hoch, dass der Hund Ihre Hand nicht mehr direkt mit seiner Nase berühren kann. Wenn Ihr Hund nun beim

Laufen weiterhin auf Ihre Hand schaut, sagen Sie das Lobwort und geben ihm ein Leckerli aus dem Leckerlibeutel. Wie hoch Sie Ihre Hand letztlich halten müssen, hängt von der Größe Ihres Vierbeiners ab. Bei sehr großen Hunden befindet sich Ihre Hand nach einiger Zeit auf Brusthöhe, bei kleineren eher auf Hüfthöhe. Das Ziel ist zunächst, dass Ihr Hund weiterhin auf die immer höher gehaltene Hand schaut, während er »Fuß« oder »Seite« läuft. Das Lobwort sagen Sie, während der Hund Ihre Hand noch anschaut. Wir haben damit ein Kriterium der Übung im Schwierigkeitsgrad erhöht. Arbeiten Sie deshalb bitte nicht gleichzeitig an der Verlängerung der Strecke. Gehen Sie stattdessen bei dieser Übung wieder Strecken, die Ihr Hund konzentriert und sicher schafft.

Kompletter Abbau des Handzeichens: Vielleicht hat Sie jetzt der Ehrgeiz gepackt, das Handzeichen komplett abzubauen. Das erreichen Sie folgendermaßen: Sie geben Ihrem Hund wieder das Signal »Fuß« und laufen los. Nach ein, zwei Schritten lassen Sie Ihre linke Hand einfach herunterhängen, während Sie weitergehen. Das wird wahrscheinlich zu einer

100

kurzen Irritation beim Hund führen. Beobachten Sie ihn jetzt genau und passen Sie den Moment ab, in dem er Ihnen kurz ins Gesicht blickt. Nun sagen Sie das Lobwort. (Hier empfiehlt sich übrigens besonders die Verwendung des Clickers, da Sie damit schneller sind und selbst einen sehr kurzen Blickkontakt Ihres Hundes »einfangen« können.) Geben Sie Ihrem Vierbeiner anschließend das verdiente Leckerli. Wenn Sie den nächsten Durchgang der »Fuß«-Übung starten, gehen Sie gleich mit locker herunterhängender Hand los. Warten Sie anschließend wieder auf den Moment, in dem Ihr Hund Ihnen ins Gesicht blickt. In dieser Sekunde sagen Sie das Lobwort oder klicken. Nun können Sie die Strecke Schritt für Schritt verlängern. Als Lohn winkt Ihnen bereits nach kurzer Zeit ein Hund, der konzentriert neben Ihnen herläuft und Sie anschaut und dem Sie keine Leckerli mehr vor die Nase halten müssen.

Signaleinführung bei der »Seite«-Übung: Gehen Sie bei der Einführung des Signals genauso vor, wie bei der »Fuß«-Übung beschrieben (siehe Seite 86). Nun allerdings läuft der Hund an Ihrer rechten Seite. Wenn Sie später die Leckerlis in der Hand und das Handzeichen für die »Seite«-Übung abbauen wollen, gehen Sie genauso vor, wie hier für »Fuß« beschrieben.

6. Das Abbruchsignal unter schwierigen Bedingungen

Bei dieser Übung ist erneut Ihre Fantasie gefragt. Denken Sie sich die unterschiedlichsten Futterverführungen aus und legen Sie diese auf dem Spazierweg aus – möglichst ohne dass Ihr Hund etwas davon mitbekommt. Nutzen Sie dabei auch Dinge, die die Natur von sich aus bietet. Vorrausetzung ist natürlich, dass Sie diese früher sehen als Ihr Hund. Eine zufällig auf dem Weg liegende tote Maus oder ein Haufen Pferdeäpfel sind beispielsweise geeignete Übungsobjekte. Legen Sie auch einmal ein Leberwurstbrötchen auf eine Parkbank oder bitten Sie eine zweite Person, Ihrem Hund das Brötchen hinzuhalten.

Wichtig: Wenn Sie für die Übung des Abbruchsignals Futter auslegen, lassen Sie niemals zu, dass es Ihr Hund frisst. Sammeln Sie es nach der Übung wieder ein. Das verbotene Futter auf dem Boden ist nämlich für immer verboten. Sonst lernt der Hund sehr schnell, dass er sich die auf dem Weg liegenden Köstlichkeiten doch noch holen darf, sobald Sie ihn nicht mehr aufmerksam beobachten.

Für Welpen geeignet: Gestalten Sie die Übung für Ihren Welpen gegebenenfalls noch etwas einfacher, indem Sie nicht unwiderstehlich attraktives Futter verwenden. Sichern Sie ihn dabei zusätzlich mit einer Schleppleine ab.

7. Die Übungen »Sitz-bleib« und »Platz-bleib« weiter verlängern

Konnten Sie sich in der vergangenen Woche schon länger von Ihrem Hund bei der »Sitz-bleib«-Übung entfernen? Prima, dann trainieren Sie nun das Gleiche bei der Übung »Platz-bleib«. Auch hier verlängern Sie jetzt die Zeitspanne, bis Sie zum liegenden Hund zurückkehren. Gehen Sie dabei genauso vor, wie für die Übung »Sitz-bleib« in der fünften Woche beschrieben (siehe Seite 87–88). Bei der Verlängerung der »Platz-bleib«-Übung sollten Sie zusätzlich daran denken, dass sich manche Hunde nicht gerne längere Zeit auf feuchte oder kalte Böden legen. Überlegen Sie deshalb ganz genau, wann und wo Sie mit Ihrem Hund an dieser Übung arbeiten wollen.

»Sitz-bleib« ausbauen: Bei der Übung »Sitz-bleib« können Sie nun noch einen Schritt weitergehen. Bisher sind Sie immer rückwärts vom sitzenden Hund weggegangen. Jetzt beginnen Sie, sich mit dem Rücken zum Hund zu entfernen. Das funktioniert folgendermaßen: Nachdem Sie vor Ihrem Vierbeiner stehend das »Sitz«-Signal gegeben haben, gehen Sie zunächst wie gewohnt wieder einige Schritte rückwärts vom Hund weg. Dann drehen Sie sich langsam um, sodass Sie mit dem Rücken zum Hund stehen, und entfernen sich noch einen weiteren Schritt von ihm. Anschließend drehen Sie sich wieder um, sodass Sie wieder frontal zu ihm stehen. Nun warten Sie noch ein paar Sekunden ab und gehen dann erst zu Ihrem vierbeinigen Freund zurück. Wenn er diese Schwierigkeitsstufe gut beherrscht, beginnen Sie damit, sich direkt beim sitzenden Hund umzudrehen und sich von diesem zu entfernen.

Für Welpen bedingt geeignet: Sie können die Übung mit dem Welpen durchführen, wenn Sie den Schwierigkeitsgrad anpassen. Arbeiten Sie sich aber in ganz kleinen Schritten voran.

8. Die Übung »Raus da« mit verlängerter Leine

Kann Ihr Hund in dieser Woche schon mit der auf dem Boden schleifenden Schleppleine laufen? Wir gratulieren. Trotzdem empfiehlt es sich für diese Übung, die Leine kurz aufzunehmen oder den Fuß daraufzustellen. Zum Hintergrund: Ihrem Hund soll stets in Erinnerung bleiben, dass Sie den »verlängerten

Arm« haben und ihn in bestimmten Situationen immer noch stoppen können, sofern dies nötig erscheint. Spätestens in dieser Woche sollten Sie die Übung »Raus da« an der zehn Meter langen Leine durchführen. Achten Sie aber weiterhin darauf, dass sich Ihr Hund nicht in die Büsche schlägt oder anderweitig den Weg verlässt. Sagen Sie sofort das Signal, sobald sich Ihr Hund aus der erlaubten Zone bewegt. Achten Sie auf jeden Fall darauf, dass Ihr Vierbeiner nicht trotz des Signals weiter vom Weg abkommt. Zur Not begrenzen Sie ihn mit der Leine. Erst wenn er sich umwendet und sich zurück auf den Weg begibt, loben Sie ihn und lassen die Leine wieder locker.

9. Seitenwechsel von »Fuß« nach »Seite« bei leichter Ablenkung

In der letzten Woche haben Sie den Seitenwechsel noch ohne Ablenkung auf einer ruhigen Wegstrecke geübt. In dieser Woche probieren Sie den Seitenwechsel auch einmal in Situationen aus, in denen Ihnen jemand entgegenkommt. Am besten fangen Sie zunächst mit einfacheren Begegnungen an, etwa Spaziergängern ohne Hund in weiter Entfernung. Hat das ein paar Mal gut geklappt, probieren Sie den Seitenwechsel als Nächstes bei einem Jogger, Radfahrer oder Reiter, später ebenso bei Spaziergängern mit Hund an der Leine. Denken Sie unbedingt auch daran, dass Sie in dieser Trainingsphase das Signal für den Seitenwechsel möglichst frühzeitig geben, also wenn die Ablenkung noch sehr weit weg ist.

Für Welpen bedingt geeignet: In dieser Woche können Sie mit Ihrem Welpen die Übung schon mit leichter Ablenkung trainieren. Achten Sie allerdings darauf, was Ihr Welpe bereits als Ablenkung empfindet. Sollte die Übung mit Ablenkung noch nicht gelingen, verschieben Sie sie so lange, bis sich Ihr Welpe besser konzentrieren kann.

Übung 7: **Noch schwieriger: Nachdem Ihr Hund sitzt, drehen Sie ihm den Rücken zu und entfernen sich.**

102

Übung 11: Eine Spaziergängerin mit Hund kommt entgegen – ein guter Anlass für die Umkehrübung.

Weichen Sie mit Ihrem Hund in einen Seitenweg aus und lassen Sie ihn »Sitz« machen.

10. »Sitz« und »Platz« aus größerer Entfernung

In dieser Woche trainieren Sie beide Übungen abwechselnd. Gehen Sie zunächst so vor wie in der letzten Woche (siehe Seite 80–82). Vergrößern Sie dabei die Entfernung immer mehr, aus der Sie das jeweilige Signal geben. Klappt dies gut, beginnen Sie damit, die Signale während des Spaziergangs zu geben, ohne den Hund zuvor festzubinden. Warten Sie, bis der Hund ein paar Meter vor Ihnen läuft. Machen Sie ihn aufmerksam und geben Sie dann das Signal zum Sitzen oder Liegen. Beginnen Sie mit einer Entfernung, aus der Ihr Hund das entsprechende Signal in der letzten Woche schon sicher ausgeführt hat.

11. Die Umkehrübung mit Ablenkung

Trainieren Sie die Umkehrübung in dieser Woche bereits mit Ablenkung. Sobald Ihnen Spaziergänger entgegenkommen, geben Sie Ihrem Hund das Signal und wenden sich zügig um 180 Grad. Die Wendung selbst vollziehen Sie entweder rechts oder links herum, je nachdem, an welcher Seite Ihr Hund läuft.

Nehmen Sie sich allerdings immer noch ein Leckerli in die Hand, um den Hund herumzuführen. Er bekommt es jeweils direkt nach der Wende. Steigern Sie die Ablenkung mit fortschreitendem Training, z.B. bei Begegnungen mit anderen Mensch-Hund-Teams. Üben Sie auch einmal in Situationen, in denen Ihnen jemand relativ unerwartet entgegenkommt.

Tipp: Sie weichen einem anderen Mensch-Hund-Team aus und haben Ihren Hund nach dem Umkehren in einem Seitenweg »Sitz« machen lassen. Am besten sitzt er dabei mit dem Rücken zum entgegenkommenden Team, denn so schaut er Sie an. Würden Sie dagegen lediglich versuchen, sich ihm in die Blickrichtung zu stellen und die Sicht zu versperren, würde Ihr Hund trotzdem an Ihnen vorbeischauen.

Kleiner Trick: Bei der schwierigen Umkehrübung empfehlen wir, die Schleppleine nahe des Brustgeschirrs in die Hand zu nehmen. So haben Sie den Hund eng bei sich und können ihn gegebenenfalls noch festhalten, falls er zu einem anderen Menschen oder Hund auf dem Spazierweg rennen möchte.

103

Neue Ideen und
spannende
Themenspaziergänge

Mit dem Sechs-Wochen-Intensivtraining haben wir Ihnen wissenschaftlich fundierte und vielfach praxiserprobte Ausbildungsrezepte an die Hand gegeben. Mit ihrer Hilfe werden Sie dem Ziel eines perfekt erzogenen Hundes Schritt für Schritt näher kommen. Damit das Training Ihnen und Ihrem Tier weiterhin Freude macht und keine Langeweile aufkommt, haben wir in diesem Kapitel fünf abwechslungsreiche Themenspaziergänge zusammengestellt. Sie sollen Ihnen Anregungen und Ideen liefern, wie Sie Ihren Hund auf dem täglichen Spaziergang weiterhin sinnvoll beschäftigen und besser auslasten können.

Individuelle Lerngeschwindigkeit

Natürlich haben Sie nach dem sechswöchigen Intensivtraining noch nicht den »perfekten Hund«. Bitte vergessen Sie nicht: Jeder Hund ist eine eigene Persönlichkeit mit individuellen Fähigkeiten. So wie wir unterschiedlich schnell lernen, so zeigen auch Hunde verschiedene Lerngeschwindigkeiten. Ebenso beeinflussen das Alter, die Rassenzugehörigkeit und die Vorgeschichte Ihres Hundes sein Lernverhalten.

Unterschiedliche Hundepersönlichkeiten

Möchten Sie mit dem Training nur bereits Erlerntes auffrischen? Oder nach dem Welpentraining mit dem Junghund weiterarbeiten und seine Ausbildung vertiefen? Oder beginnen Sie das Training mit einem erwachsenen, aber noch nicht ausgebildeten Hund? Sie sehen schon an diesen Fragen, wie unterschiedlich die Ausgangssituation sein kann. All diese Faktoren können den Lernerfolg Ihres Hundes beeinflussen, vor allem aber den nötigen Zeitaufwand, bis Ihr Hund eine Übung wirklich beherrscht. Setzen Sie sich und Ihren Hund deshalb nicht unnötig unter Druck. Vergleichen Sie seine Lerngeschwindigkeit nicht mit der anderer Hunde, etwa von befreundeten Hundehaltern. Räumen Sie Ihrem vierbeinigen Freund vielmehr die Zeit ein, die er benötigt, um mit viel Spaß die einzelnen Übungen zu erlernen. Schließlich soll er sich auf jeden Spaziergang mit Ihnen freuen.

Eine besondere Herausforderung bilden oft Hunde aus dem Tierheim. Viele von ihnen haben eine unbekannte Vorgeschichte. So müssen einige dieser Hunde erst wieder Vertrauen fassen – und lernen, dass es Spaß machen kann, etwas gemeinsam mit einem Menschen zu unternehmen. Mehr noch: Diese Hunde müssen oft auch das Lernen erst erlernen.

Nur Übung macht den Meister

Wir empfehlen Ihnen dringend, auch über die sechs Wochen hinaus mit Ihrem Hund weiterzutrainieren und die erlernten Übungen regelmäßig zu wiederholen. Das tägliche Gassigehen wird so für Sie und Ihren Hund stets abwechslungsreich und kurzweilig bleiben. Außerdem werden Sie mit einem Hund belohnt, der sich auch außerhalb Ihrer eigenen vier Wände stets von seiner allerbesten Seite zeigt. Ihr Hund wird aufmerksamer auf Sie achten und weniger unerwünschtes Verhalten zeigen. Ein Hund, auf den Sie zu Recht stolz sein können und um den Sie andere Hundebesitzer beneiden.

Neue Varianten mit Thema

Auf den folgenden Seiten stellen wir Ihnen unsere Themenspaziergänge vor. Mit Ihnen beschäftigen Sie Ihren Hund nicht nur sinnvoll, sondern vertiefen, erweitern und festigen ganz nebenbei auch noch die Übungen des Sechs Wochen-Intensivtrainings. Damit Spaß und Abwechslung nicht zu kurz kommen, finden sich neben bekannten Aufgaben auch Anleitungen für neue Übungen und spannende Tricks.

So funktionieren die Themenspaziergänge

Die einzelnen Übungen der Themenspaziergänge bauen teilweise aufeinander auf. Manche Übungen kennen Sie bereits aus dem Sechs-Wochen-Intensivtraining. Arbeiten Sie deshalb zunächst die Themenspaziergänge in der Reihenfolge von eins bis fünf durch. Theoretisch hätten Sie so von Montag bis Freitag für jeden Tag einen neuen Spaziergang. Es ist jedoch nicht ratsam, jeden Tag »volles Programm« zu fahren. Wir empfehlen, nur jeden zweiten Tag einen Themenspaziergang durchzuführen. An den anderen Tagen gehen Sie wie gewohnt spazieren. Dabei wiederholen Sie natürlich regelmäßig die Übungen des Sechs-Wochen-Intensivtrainings – so, wie sie sich aus den Alltagssituationen heraus ergeben.

Beim Training flexibel bleiben

Haben Sie alle fünf Themenspaziergänge komplett durchgearbeitet, nehmen Sie sich in loser Folge immer wieder den einen oder anderen vor. Entscheiden Sie einfach, worauf Sie Lust haben. Auf den Spaziergängen nutzen Sie viel von dem, was die jeweilige Umgebung an Möglichkeiten offeriert. Daher bieten sich manche Themen besonders an, wenn Sie beispielsweise im Wald unterwegs sind (etwa Thema 1: »Outdoor-Agility«, ab Seite 108), während andere Spaziergänge praktisch überall durchgeführt werden können, wie beispielsweise Thema 2: »Geduldiger Hund« (ab Seite 113).

Weiterhin mit Schleppleine: Alle Übungen sind so aufgebaut, dass Sie diese selbstverständlich auch an der Schleppleine durchführen können. Damit geben wir Ihnen eine zusätzliche Möglichkeit an die Hand, Ihren Hund geistig und körperlich besser auszulasten – selbst wenn dieser noch nicht so weit sein sollte, dass er überall frei laufen darf.

Oberstes Gebot: Bitte nehmen Sie bei den Übungen jederzeit Rücksicht auf andere. Wenn sich Ihnen Jogger, Radfahrer, Spaziergänger, Reiter oder andere Mensch-Hunde-Teams nähern, unterbrechen Sie notfalls kurz Ihre Übung. Natürlich können Sie auch einen vorbeikommenden Spaziergänger oder Jogger als Ablenkung für Ihre Übung nutzen, aber bitte immer nur so, dass sich niemand belästigt fühlt.

Weichen Sie bei den Übungen nicht zu weit vom Weg ab, etwa ins Unterholz des Waldes hinein. Auch bestellte Felder sind selbstverständlich tabu. Suchen Sie für die Übungen im Wald stattdessen ein Stück, in dem alte Baumstämme oder umgeknickte Bäume nahe am Wegrand liegen.

Allgemeine Regeln für den Freilauf

Wir alle wünschen uns möglichst viele Freiheiten – für uns und unsere Hunde. Immerhin gilt es im Alltag schon genügend Vorschriften zu beachten, und unsere Hunde sollen es schließlich gut haben. Doch bedenken Sie, dass bei aller Liebe zu unseren vierbeinigen Freunden diese andere Menschen, Hunde oder Wildtiere verletzen können. Dies muss nicht einmal in böser Absicht geschehen, sondern kann auf einem bloßen Missverständnis beruhen. Die Folgen indes können schwerwiegend sein. Vergessen Sie vor allem nie: Hunde sehen die Welt mit anderen Augen als wir. Sie bewerten Verhaltensweisen, Körperhaltungen und Gesten anders. Das führt leicht zu Missverständnissen. So gut Sie Ihren Hund deshalb zu kennen glauben, Sie können nie mit absoluter Gewissheit vorhersagen, was in ihm gerade vorgeht und wie er sich im nächsten Moment verhalten wird.

So verhalten Sie sich richtig

Bitte verinnerlichen Sie daher die folgenden Regeln für den Freilauf. Auch wenn Ihr eigener Hund bisher keine Probleme mit anderen Hunden, Joggern, Radfahrern, Reitern oder Spaziergängern hatte: der Entgegenkommende weiß dies nicht. Oberstes Ziel jedes Hundebesitzers sollte es sein, sich mit seinem Hund in der Öffentlichkeit zu bewegen, ohne jemanden zu belästigen oder gar zu gefährden. Das ist ein ungeschriebenes Gesetz der Höflichkeit und Rücksichtnahme seinen Mitmenschen gegenüber, seien es andere Hundebesitzer oder Menschen ohne Hund. Zudem fördern Sie mit Ihrem vorbildlichen Verhalten die Akzeptanz von Hunden bei all jenen Menschen, die unseren Vierbeinern mit Vorbehalt oder Angst begegnen. Vor allem helfen die folgenden Regeln ganz enorm, durch ein wenig Voraussicht problematischen Verhaltensweisen Ihres Hundes vorzubeugen.

Belgische Schäferhunde (Tervueren) sind eine sehr aktive Rasse. Diese drei warten gespannt auf die nächste »Action«.

Wann sollten Sie Ihren Hund immer heranrufen und anleinen?

▶ Vor jeder Wegbiegung, die nicht voll einsehbar ist.

▶ Vor jeder Wegkreuzung, der Sie sich nähern.

▶ Sobald Sie sich einer Straße nähern.

▶ Wenn Ihnen Spaziergänger, Menschen mit Kinderwagen, Kinder, Jogger, Radfahrer oder Reiter entgegenkommen.

▶ Wenn Ihnen Menschen mit Hunden entgegenkommen, vor allem wenn die Hunde angeleint sind, aber ebenso bei unangeleinten Hunden.

▶ Sobald Sie an einer Weide, mit Pferden, Kühen, Schafen oder sonstigen Tieren vorbeikommen.

▶ Wenn Sie Rehe oder sonstiges Wild sehen oder im Gebüsch oder einem Waldstück vermuten, das Sie passieren.

▶ Wenn Sie an einem Bauernhof vorbei gehen.

Wann muss ein Hund auf jeden Fall angeleint werden?

▶ Wenn es die örtlichen Bestimmungen so vorsehen.

▶ Meist ist es in bebautem Gebiet Vorschrift. Es gelten die örtlichen Bestimmungen für das Anleinen. Informieren sie sich beim zuständigen Amt.

▶ Wenn Ihnen Menschen mit angeleintem Hund entgegenkommen, denn das hat einen Grund. Der Hund könnte krank sein. Oder er darf nicht frei laufen, weil er sonst jagen geht, das Rückrufsignal noch nicht kennt oder gerade aus dem Tierheim abgeholt wurde. Vielleicht möchte der entgegenkommende Hundebesitzer nicht, dass sein Tier Kontakt mit Ihrem Hund aufnimmt. In solchen Situationen sollte es stets selbstverständlich sein, den eigenen Hund ebenfalls anzuleinen.

1. Thema: »Outdoor-Agility«

Idealerweise starten Sie den ersten Themenspaziergang im Wald. Sollten Sie keinen Wald in Ihrer Nähe haben, suchen Sie sich eine Gegend mit möglichst abwechslungsreicher Struktur.

1. Übung: Balancieren auf einem Baumstamm

Halten Sie Ausschau nach einem möglichst breiten Baumstamm mit Rinde, der nicht zu glatt ist. Nehmen Sie ein paar Leckerlis und legen Sie auf dem Baumstamm eine Futterspur. Anschließend zeigen Sie Ihrem Hund das erste Leckerli am Anfang des Stamms. Beginnen Sie, wenn möglich, an einer der Kopfseiten des Stamms. So ist es für Ihren Hund leichter, auf den Baumstamm zu klettern. Sobald der Hund hinaufgesprungen oder geklettert ist, zeigen Sie ihm mit einer Handbewegung die Futterspur. Lassen Sie ihn dabei Bröckchen für Bröckchen fressen. Die andere Hand hält locker die Leine.

Neue Wortsignale: Sie können bei der Gelegenheit auch gleich zwei neue Signale etablieren: »Rauf« für »auf den Baumstamm springen« und »Runter« für »am Ende des Baumstamms herunterspringen«. Sagen Sie die entsprechenden Worte immer, wenn Sie den Hund auf den Stamm springen lassen oder wenn er das Ende erreicht hat und herunterhüpft.

Wichtig: Falls Ihr Hund sehr schnell ist, versuchen Sie ihn auf keinen Fall, mit der Leine zu bremsen. Dies würde ihn aus dem Gleichgewicht bringen, und er bekäme eventuell Angst vor der Übung. Legen Sie die Häppchen der Futterspur einfach in kürzeren Abständen hintereinander. So hat Ihr Hund zu tun, alle Bröckchen zu fressen, und wird durch seine Konzentration auf die ausgelegte Futterspur von alleine langsamer.

Übung 1: Zeigen Sie Ihrem Hund, wie er am besten auf einen Baumstamm klettern oder springen kann.

Nach einiger Übung läuft Ihr Hund – bereits ohne Futterspur – sicher über den Stamm neben Ihnen her.

Übung 2: Von der Ausgangsposition an Ihrer linken Seite führen Sie den Hund ...

... mit einem Leckerli in Ihrer rechten Hand um den Baumstumpf herum.

2. Übung: Um ein Objekt herumlaufen

Ihr Hund lernt bei dieser Übung, auf ein Signal hin um einen Gegenstand – beispielsweise einen Baum, eine Hecke, einen Holzstapel usw.) – herumzulaufen. Dazu suchen Sie sich zunächst einen etwas höheren Baumstumpf.

Die Übung hat auch einen praktischen Aspekt. Sie ermöglicht es Ihnen, den Hund um einen Baum zu schicken – etwa um die Leine zu entwirren, wenn sie sich um den Baum gewickelt hat. Da diese Übung im Aufbau etwas umfangreicher ist, beschreiben wir sie in einzelnen Übungsschritten – wie Sie dies schon vom Sechs-Wochen-Intensivtraining her kennen.

1 Stellen Sie sich vor den Baumstumpf und setzen oder stellen Sie den Hund links neben sich. Wenn Ihr Vierbeiner noch an der Schleppleine läuft, können Sie diese entweder locker hinter ihm her schleifen lassen oder Sie nehmen die Leine zusammen mit dem Leckerli in die rechte Hand. Jetzt zeigen Sie Ihrem Hund das Leckerli und locken den Hund damit in einem Bogen um den Baumstumpf herum. Sobald Ihr Hund den Baumstumpf umrundet hat, sagen Sie sofort das Lobwort. Anschließend läuft Ihr Hund noch das letzte Stück auf Sie zu und darf sich das Leckerli abholen.

2 Sie beginnen wieder mit dem Hund in der Ausgangsposition an Ihrer linken Seite und locken Ihren Hund um den Baumstumpf herum. Das Lobwort geben Sie erneut, sobald Ihr Hund den Baumstumpf umrundet hat. Dies wiederholen Sie mehrere Male. Ganz wichtig: Bringen Sie Ihren Hund jeweils wieder in die Ausgangsposition zurück, bevor Sie zur nächsten Runde um den Baumstumpf starten.

3 Wenn Sie diese Übung mehrmals an verschiedenen Orten mit unterschiedlichen Baumstümpfen durchgeführt haben, führen Sie das Wortsignal ein. Sagen Sie zunächst das Signal, z. B. »Rum«, »Herum« oder »Drumherum«. Beginnen Sie dann sofort, Ihren Hund mit dem Leckerli in der Hand einmal um den Baumstumpf herum zu locken. Auch diesen Schritt wiederholen Sie einige Male.

4 Haben Sie die Übung auf ein paar Spaziergängen in der beschriebenen Weise geübt, können Sie damit anfangen, das Futter als Lockmittel langsam abzubauen. Führen Sie dazu die Übung so wie bisher durch, jedoch mit einem großen Unterschied: In der Hand, die den Hund um den Baumstumpf lockt, haben Sie nun kein Leckerli mehr. Ist Ihr Hund der Hand gefolgt und hat den Stumpf umrundet, bekommt er sofort sein Lobwort und ein Leckerli aus dem Leckerlibeutel.

5 Nach einiger Übungszeit bauen Sie als letzten Schritt die Handhilfe ebenso ab und verwandeln diese in ein dezentes Handzeichen. Dazu reduzieren Sie den Bogen, den Ihre Hand beim Signalgeben beschreibt, immer weiter. Schließlich deuten Sie den Bogen nur noch an: gerade soweit, dass der Hund zur Umrundung startet. Hat er den Pfosten umrundet, gibt es sofort wieder das Lobwort und das Leckerli.

Bäume umrunden: Ist Ihr Hund in der Lage, einen Baumstumpf auf Ihr angedeutetes Handzeichen hin zu umrunden, können Sie sich als Nächstes an einen Baum wagen. Suchen Sie sich anfangs einen relativ dünnen Baum. Nehmen Sie dazu wieder Ihren Hund in die gewohnte Ausgangsposition. Nun geben Sie das Wortsignal (z. B. »Drumherum«) und das eingeübte Handzeichen, den angedeuteten Bogen. Sie werden sehen, Ihr Hund lernt so ganz schnell auch Bäume zu umrunden. Später kann er immer dickere Bäume sicher umkreisen.

Abstand vergrößern: Anfangs stellen Sie sich immer relativ nah an den Baumstumpf oder Baum, wenn Sie den Hund zu seiner Umrundung losschicken. Sobald dies flüssig klappt und sowohl Wort- als auch Handsignal eingeführt sind, können Sie damit beginnen, den Abstand zu vergrößern. Damit verlegen Sie den Startpunkt des Hundes in eine immer größere Entfer-

nung des zu umrundenden Objekts. Dies erhöht den Schwierigkeitsgrad der Übung.

Mehrere Bäume umrunden: Sie können die Übung auch auf zwei und mehr Bäume ausdehnen. Suchen Sie sich anfangs zwei eng nebeneinanderstehende Bäume und schicken Sie Ihren Hund um diese herum. Damit er bei den ersten Malen nicht zwischen den Bäumen hindurch, sondern um sie herumläuft, müssen Sie eventuell etwas helfen. Sobald der Hund den einen Baum umkreist hat, zeigen Sie ihm sofort den zweiten. Dazu gehen Sie zum Hund hin, nachdem er den ersten Baum umrundet hat, und führen ihn zum zweiten. Klappt die Umrundung von zwei Bäumen bereits ganz gut, lässt sich die Übung beliebig erweitern, bis Ihr Hund einen richtig großen Kreis um mehrere Bäume laufen kann. Er erhält auf diese Weise ausgiebig Bewegung. Den meisten Hunden macht diese Übung so viel Spaß, dass sie richtig schnell um die Bäume rasen. Dann dürfen Sie natürlich auch sehr enthusiastisch loben.

Weitere Variationen: Selbstverständlich können Sie die oben beschriebene Übung auf alles ausdehnen, was sich umrunden lässt, so beispielsweise auch Parkbänke oder Holzstapel. Diese stellen eine besondere Herausforderung dar. Denn je nach deren Größe kann Ihr Hund Sie bei der Umrundung nicht mehr sehen. Hier gilt erneut: Beginnen Sie zunächst mit kleineren oder schmaleren Stapeln.

Anders herum: Bisher hat Ihr Vierbeiner den Bogen beim Herumlaufen immer nur von links nach rechts vollzogen. Damit er aber auf Dauer nicht nur einseitig belastet wird und bei mehrfacher Wiederholung keinen »Drehwurm« bekommt, ist es sinnvoll, auch die andere Richtung zu trainieren. Soll Ihr Hund also ein Objekt von rechts nach links umkreisen, dann starten Sie mit Ihrem Hund im »Sitz« an der »Seite«-Position, also an Ihrer rechten Seite. Ansonsten gehen Sie genauso vor, wie oben beschrieben, nur eben spiegelverkehrt.

Ideal für den Clicker: Diese Übung eignet sich sehr gut für den Clicker-Einsatz. Der Vorteil ist: Sie können noch präziser den Moment abpassen und immer genau dann klicken, wenn Ihr Hund gerade eben das Objekt umrundet hat.

3. Übung: »Hopp« und »Durch«

Viel Spaß macht Hunden die Übung, über quer liegende Äste hinwegzuspringen oder unter ihnen hindurchzukriechen. Dabei ist ein wenig Fantasie Ihrerseits gefragt. Suchen Sie sich einen möglichst geraden, ein bis zwei Meter langen Ast.

Springen: Stellen Sie den Ast auf, indem Sie eines seiner Enden auf einen Baumstumpf legen – fertig ist das erste Hindernis. Auf der einen Seite ist es hoch, auf der anderen noch niedrig. So kann Ihr Hund optimal das Springen üben. Wenn kein Baumstumpf vorhanden ist, lehnen Sie den Ast einfach gegen einen Baum. Damit er nicht zu leicht umfällt, suchen Sie sich am besten einen Baum mit grober Rinde. Je grober sie ist, desto besser können Sie den Ast ein wenig verkeilen. Jetzt nehmen Sie ein Leckerli und locken den Hund über das Naturhindernis. Bei manchen Hunden klappt es gut, wenn man das Leckerli vor ihren Augen in Sprungrichtung über das Hindernis wirft. Kurz bevor Ihr Hund springt, sagen Sie einfach das Wortsignal »Hopp«. Auf diese Weise lernt Ihr Vierbeiner ziemlich schnell, auf Signal über ein Objekt hinwegzuspringen.

Kriechen: Dasselbe Hindernis eignet sich anschließend gut dazu, den Hund darunter hindurchkriechen zu lassen. Am besten legen Sie Ihren Vierbeiner vor dem Hindernis ins »Platz«. Nun nehmen Sie ein Leckerli und halten es vor seine Nase. Locken Sie dann den Hund mit dem Leckerli unter dem Ast hindurch. Manche Hunde brauchen ein wenig Zeit, bis sie die

Übung 3: Fixieren Sie den Ast nicht zu hoch. Nach einiger Übung springt der Hund auf Ihr Zeichen.

Kriechen geht auch. Locken Sie Ihren Hund anfangs mit einem Leckerli unter dem Hindernis hindurch.

111

Übung 4: Auf einer flachen Holzbank lässt sich prima der Trick „Pfötchen geben" üben.

Kriechbewegung beherrschen. Seien Sie deshalb bitte geduldig mit Ihrem Vierbeiner. Stellen Sie zur Not den Ast etwas höher, sollte sich Ihr Hund noch nicht darunter hindurch trauen. Bei vorsichtigeren Hunden empfiehlt es sich außerdem, den Ast festzuhalten. So kann er nicht umfallen oder wackeln, falls ihn der Hund beim Kriechen berühren sollte.

4. Übung: Ein Baumstumpf als Agility-Tisch

»Sitz«: Wenn Sie auf Ihrem Spaziergang durch den Wald auf einen dicken Baumstumpf mit halbwegs ebener Oberfläche treffen, nutzen Sie die ausgezeichnete Gelegenheit, um Ihren Hund darauf einige Übungen wie auf einem Agility-Tisch ausführen zu lassen. Ihr Hund hat bereits gelernt, auf einem Baumstamm zu balancieren? Dann schicken Sie ihn einfach mit dem Signal »Rauf« auf den Baumstamm. Nun geben Sie

ihm das Signal »Sitz«. Wundern Sie sich nicht, wenn Ihr Hund es nicht sofort, sondern erst nach einigem Zögern ausführt. Es ist ganz normal, dass sich Ihr Hund auf einem erhöhten Standpunkt zunächst etwas unsicher fühlt. Er muss erst das nötige Vertrauen entwickeln, dass er nicht herunterfällt, wenn er sich setzt. Manchmal hilft in solchen Situationen ein Leckerli, um den Hund in die Sitzposition zu locken. Oder Sie suchen sich einen noch breiteren Baumstamm. Alternativ können Sie natürlich auch flache große Steine für diese Übung nutzen.

»Platz«: Beherrscht Ihr Hund »Sitz« auf dem Baumstumpf, so können Sie ihm anschließend andere Signale geben – etwa »Platz«, sofern der Baumstumpf oder Stein groß genug für den liegenden Hund ist. Auch Tricks wie Pfötchen geben können gut auf diesem erhöhten Ort durchgeführt werden.

»Sitz« und »Platz« aus der Entfernung: Nach und nach können Sie sich weiter vom Baumstumpf entfernen und versuchen, Signale wie »Sitz« oder »Platz« aus der Entfernung zu geben. Die Schwierigkeit dabei ist, dass der Hund auf dem Baumstumpf sitzen bleibt. Springt er unaufgefordert herunter, bringen Sie ihn ruhig und kommentarlos wieder zurück zum Baumstumpf und beginnen die Übung von Neuem. Dieses Mal gehen Sie allerdings nicht ganz so weit weg, um den Hund nicht zu überfordern. Die Entfernung sollte langsam gesteigert werden.

5. Übung: Cavaletti mit Ästen

Dieses Hindernis können Sie prima selbst bauen, indem Sie einen liegenden Baumstamm und ein paar kürzere Äste verwenden, die Sie vom Waldboden aufsammeln. Legen Sie dazu einfach eine Seite des ersten Astes auf den Baumstamm. Je nach Größe des Hundes legen Sie nun in ein bis zwei Meter Entfernung den nächsten Ast auf. Dies wiederholen Sie, bis Sie hintereinander fünf bis zehn Äste aufgereiht haben. Nun führen Sie Ihren Hund über diese Astreihe. Der Hund muss dabei darauf achten, wohin er seine Pfoten setzt, um nicht über die Äste zu stolpern. »Cavaletti mit Ästen« ist eine ausgezeichnete Koordinations- und Konzentrationsübung. Übrigens: Sollte kein Baumstamm in Reichweite liegen, ist ein am Weg aufgeschichteter Holzstapel ebenso geeignet

2. Thema: »Geduldiger Hund«

Als Trainingsgebiet empfiehlt sich für diesen Spaziergang idealerweise ein Feld, doch im Prinzip können Sie die Übungen auch in jeder anderen Umgebung durchführen.

1.Übung: »Sitz« und »Platz« aus der Bewegung

Hier geht es darum, dass Ihr Hund das Signal »Sitz« oder »Platz« ausführt, während Sie weiterlaufen. Ihr Hund soll dabei so lange im »Sitz« oder »Platz« verharren, bis Sie ihn abrufen oder abholen. Die Übung können Sie überall durchführen. Für die ersten Male sollten Sie sich einen relativ ruhigen, schwach frequentierten Weg mit wenig Ablenkung suchen. Die Übung ist ganz einfach, wenn Ihr Hund bereits gut »Sitz« und »Sitzbleib« (siehe Seite 40 und 57) beherrscht.

So geht's: Zunächst machen Sie mit Ihrem Hund die »Fuß«-Übung. Der Hund soll also aufmerksam neben Ihnen laufen. Nun bleiben Sie stehen und geben Ihrem Hund sofort das »Sitz«-Signal. Anfangs unterstützen Sie das Wortsignal am besten zusätzlich mit dem Handzeichen. Dazu drehen Sie sich kurz zum Hund, der sich neben Ihnen befindet. Hat er sich hingesetzt, dann loben Sie ihn nur kurz mit dem Lobwort. Danach gehen Sie sofort zügig weiter geradeaus. Dabei drehen Sie sich möglichst nicht zu Ihrem Vierbeiner um, beobachten ihn aber aus den Augenwinkeln, ob er wirklich sitzen bleibt. Während der ersten Male entfernen Sie sich natürlich nicht zu weit

vom sitzenden Hund. Ein paar Schritte reichen für den Anfang. Anschließend kehren Sie zum Hund zurück, geben ihm sein Leckerli und setzen das »Fuß«-Gehen fort oder lösen einfach nur das Signal auf. Wiederholen Sie die Übung ein paar Mal an verschiedenen Stellen Ihres Spaziergangs, bevor Sie zum nächsten Schwierigkeitsgrad übergehen. Ziel der Übung ist, dass sich Ihr Hund setzt oder legt, während Sie kontinuierlich weitergehen.

Die Schwierigkeit steigern: Ihr Hund läuft wiederum »Fuß«. Diesmal halten Sie nur ganz kurz an und geben ihm schnell das »Sitz«-Signal. Sie warten aber nicht mehr, bis der Hund sitzt, sondern laufen nach kurzem Stopp und dem »Sitz«-Signal sofort weiter. Beobachten Sie trotzdem aus den Augenwinkeln, ob der Hund das Signal tatsächlich ausführt. Wieder kehren Sie zum Hund zurück und lösen nach der Belohnung das Signal auf. Nach einigen Wiederholungen dürfte Ihr Vierbeiner für den nächsten Schwierigkeitsgrad bereit sein. Probieren Sie aus, ob Ihr Hund sich auch auf Ihr Signal hinsetzt, wenn Sie dabei ohne

Übung 5: Die Cavaletti-Übung erfordert Konzentration und Koordination. Gemeinsam macht es mehr Spaß.

113

Übung 2: Lassen Sie Ihren an der kurz gehaltenen Leine gesicherten Hund zunächst »Sitz« machen.

Nun soll er ruhig warten, bis Sie ihm das Signal zum Loslaufen geben, sobald das Spielzeug gelandet ist.

Stopp weiterlaufen. Anfangs können Sie noch ein Stehenbleiben durch ein kurzes Stocken in der Bewegung antäuschen. Später laufen Sie einfach nur flüssig weiter.

Beobachten Sie dabei das Tier stets aus den Augenwinkeln, ob es das gewünschte Signal ausführt. Steht Ihr Hund doch einmal auf, um Ihnen zu folgen, kehren Sie zu ihm zurück und bringen ihn kommentarlos zur der Stelle, an der er das »Sitz«-Signal erhalten hat. Wiederholen Sie nun das Signal »Sitz« und gehen Sie ein Stück weiter. Anschließend kehren Sie zurück und lösen das Signal auf, diesmal aber ohne davor das Lobwort zu sagen und Leckerli zu geben. Nun wiederholen Sie die Übung und bleiben wieder kurz stehen, bis Sie sicher sind, dass sich Ihr Hund gesetzt hat. Den gleichen Übungsablauf können Sie jetzt mit dem Signal »Platz« durchführen.

Den Hund abrufen: Klappt die Übung, können Sie die nächste Variante einbauen – den Hund aus der Entfernung abrufen. Bisher sind Sie immer wieder zu Ihrem Vierbeiner zurückge-

gangen. Aus gutem Grund, denn nur wenn Sie oft zum sitzenden oder liegenden Hund zurückkehren, lernt er, zuverlässig in der Position zu bleiben. Rufen Sie gleich zu Beginn des Trainings den Hund aus einer entfernten Position zu sich, wird er das Signal »Sitz« oder »Platz« nie wirklich sicher ausführen. Warum? Ihr Hund sitzt oder liegt dann sozusagen ständig »auf dem Sprung« mit der Erwartungshaltung: »Gleich werde ich abgerufen und darf zu meinem Frauchen oder Herrchen laufen.« Dies macht den meisten Hunden großen Spaß – mit der Folge, dass das Sitzen- bzw. Liegenbleiben immer unsicherer ausgeführt wird. Gestalten Sie die Übung also gerade zu Anfang so, dass Sie in neun von zehn Fällen zum Hund zurückkehren. Erst später kommt das Abrufen hinzu.

Zum Einüben des Abrufens gehen Sie nach dem Aussprechen des Signals für Sitzen oder Liegen, wie bereits beschrieben, einfach weiter. Wie weit Sie sich dabei entfernen können, hängt von Ihrem Hund ab. Wählen Sie eine Streckenlänge, von der Sie wissen, dass Ihr Hund es noch gut schafft, sitzen oder liegen zu bleiben. Haben Sie diese Entfernung erreicht, drehen Sie sich kurz zu Ihrem Hund um. Warten Sie jetzt noch ein paar Sekunden, dann rufen Sie Ihren Hund ab. Ist er bei Ihnen angekommen, belohnen Sie ihn wie gewohnt.

2. Übung: »Beherrsch dich« – Teil 1

Bei dieser Übung geht es speziell darum, sowohl das »Sichbeherrschen« zu üben, als auch ein gegebenes Signal unter extremer Ablenkung zu befolgen. Darüber hinaus trainieren Sie Ihren Hund darin, beim »Sitz« und »Platz« immer auf das Auflösesignal zu warten – egal, was um ihn herum geschieht.

Utensilien: Sie benötigen für diese Übung ein paar größere, gut sichtbare Leckerlis, wie Käse oder Fleischwurst. Suchen Sie sich einen möglichst ebenen Weg mit einem relativ glatten Boden (eventuell Asphalt). Geben Sie Ihrem Hund das »Sitz«- oder das »Platz«-Signal und stellen Sie sich neben den sitzenden bzw. liegenden Hund. Nun holen Sie eines der großen Leckerlistücke heraus und werfen es vor den Augen des sitzenden/liegenden Hundes auf den Weg. Die große Herausforderung für Ihren Vierbeiner besteht darin, dass er trotz des verführerischen Leckerlis sitzen bzw. liegen bleiben soll. Tut er das, während das Leckerli auf den Weg fällt, oder springt er auf, um es sich zu holen? In diesem Fall dürfen Sie natürlich auch das Abbruchsignal geben. Setzen Sie anschließend den Hund wieder in die Ausgangsposition, ohne ihn zu belohnen, und wiederholen Sie die Übung.

Ist der Hund sitzen geblieben, sagen Sie das Lobwort. Danach heben Sie das Leckerli vom Weg auf und geben es Ihrem Hund. Je nachdem, ob Ihr Hund auch Dinge vom Boden fressen darf, können Sie ihm alternativ das Auflösesignal geben. Er darf sich dann das geworfene Leckerli selbst holen.

Variante mit Ball: Bei Hunden, die gerne spielen, können Sie die gleiche Übung anstatt mit Leckerlis mit einem Ball durchführen oder mit dem Futtermäppchen, falls Ihr Hund es kennt. Diese Variante der Übung stellt zugleich eine Steigerung des Schwierigkeitsgrads dar. Suchen Sie sich dazu eine möglichst gemähte Wiese. Die Übung führen Sie genauso durch, wie wir es für die Variante mit dem Leckerli beschrieben haben. Der Hund bekommt das »Sitz«- oder »Platz«-Signal, und Sie werfen den Ball oder den Futterbeutel. Erst nachdem Sie das Auflösesignal erteilt haben, darf sich Ihr Hund den Ball holen. Falls Sie das Ende der Schleppleine noch in der Hand halten, achten Sie bitte darauf, den Ball oder das Mäppchen nicht aus dem Radius der Schleppleine herauszuwerfen. Sonst besteht für Sie und Ihren Hund Verletzungsgefahr, sollte der Hund in die volle Leinenlänge hineinrennen.

Wenn es nicht klappt: Für manche Hunde, die ganz verrückt auf Ballspiele, Futtermäppchen oder Leckerlis sind, ist diese

Schwimmen und Spielen im Wasser lastet Hunde hervorragend aus.

Übung wirklich sehr schwer. Sie klappt deshalb vielleicht nicht auf Anhieb. Steht Ihr Hund mehrmals hintereinander auf, ohne auf Ihr Auflösesignal gewartet zu haben, so sichern Sie den Hund zunächst mit der Leine ab.

▶ Bei kleinen, leichten Hunden geht das verhältnismäßig unkompliziert, indem Sie sich mit einem Fuß einfach auf die Schleppleine stellen, nachdem Sie das »Sitz«- oder »Platz«-Signal gegeben haben. Dann werfen Sie den Ball. Steht Ihr Vierbeiner nun trotzdem auf, kann er zumindest nicht hinter dem Ball herrennen. Wiederholen Sie die Übung in diesem Fall einfach noch einmal. Bleibt Ihr Hund jetzt liegen, gehen Sie mit dem Fuß von der Leine. Anschließend geben Sie das Auflösesignal, damit er dem Ball hinterherlaufen oder sich das Beutemäppchen bzw. Leckerli holen kann.

Übung 3: Der Baumstumpf ist Ihre Landmarke. Sobald Ihr Hund daran vorbeiläuft, sagen Sie »Platz«.

▶ Bei größeren oder sehr impulsiven Hunden empfiehlt es sich, diese an eine Parkbank, einen Baum oder Pfosten anzubinden. Es besteht sonst die Gefahr, dass Ihr Hund Sie mit der Schleppleine umreißt, falls er verfrüht starten sollte.

3. Übung: »Sitz« und »Platz« auf Entfernung

Diese Übungen waren bereits Bestandteil des Sechs-Wochen-Intensivtrainings. Sie sind sehr praktisch, wenn es etwa für einen Rückruf nicht mehr reicht, der Hund aber blitzschnell gestoppt werden muss. Dazu sollte die Übung auch unter Ablenkung und an unterschiedlichen Orten zuverlässig klappen.

Spielerisch üben: Sie können dies gut mit einem Spiel auf dem Themenspaziergang üben. Suchen Sie sich dafür ein ruhiges Wegstück aus. Je nach Trainingsstand lassen Sie Ihren Hund nun frei oder an der Schleppleine vor sich herlaufen. Halten Sie auf dem Weg vor sich nach einem markanten Busch, einem Grasbüschel oder einem Pfahl Ausschau, der am Wegrand steht. Kurz vor dem Büschel – Ihrer Landmarke – machen Sie Ihren Hund mit dem Aufmerksamkeitswort oder seinem Namen aufmerksam. Anschließend geben Sie ihm sofort das Signal »Sitz«. Ziel dabei ist, dass sich der Hund genau auf Höhe der ausgewählten Landmarke setzt. Gelingt die Übung, war Ihr Timing perfekt und Ihr Hund schnell genug, um sozusagen »auf dem Punkt« zu sitzen. Natürlich gehen Sie anschließend zum sitzenden Hund und geben ihm seine Belohnung. Er darf dann weiterlaufen, und Sie suchen sich die nächste Landmarke als Ziel aus. Diesmal verlangen Sie ein »Platz«. Das ist schon schwieriger, denn Sie müssen einberechnen, wie lange Ihr Hund braucht, um sich hinzulegen. Bei manchen Hunden geht das sehr schnell, andere müssen erst noch ihre Beine sortieren und brauchen dementsprechend etwas länger.

Übung mit mehreren Hunden: Gibt es Hundebesitzer, mit denen Sie zusammen spazierengehen? Dann bauen Sie diese Übung doch einmal zu einem Wettbewerb aus. Dazu muss einer aus der Gruppe eine Landmarke aussuchen und diese den anderen Hundebesitzern mitteilen. Danach versuchen alle, ihren Hund genau an dieser Marke zum Sitzen zu bringen. Der Hund, der am nächsten zur Zielmarke sitzt, hat gewonnen.

Bitte beachten: Viele Hunde drehen sich zu ihrem Besitzer um, nachdem sie das Signal erhalten haben. Sie sitzen oder liegen nicht mehr in der ursprünglichen Laufrichtung, sondern mit dem Kopf in Richtung von Herrchen oder Frauchen. Das ist nicht weiter schlimm. Überlassen Sie es ruhig Ihrem Hund, in welcher Richtung er letztlich sitzt oder liegt.

Wenn es nicht klappt: Wenn sich Ihr vierbeiniger Freund nur sehr langsam oder gar nicht hinsetzt oder -legt, machen Sie die Übung zunächst in geringerer Entfernung zu ihm. Wahrscheinlich verlangen Sie schon zu viel. Wenn Ihr Hund sitzt, sagen Sie sofort das Lobwort und gehen zu ihm hin, um ihm sein Leckerli zu geben. Gerade bei dieser Übung hilft oft der Einsatz des Clickers. Mit seiner Hilfe sind Sie mit Ihrem Timing noch schneller und präziser.

4. Übung: Liegenlassen von Leckereien auf dem Weg

Bei dieser Übung soll Ihr Hund lernen, sich zu beherrschen und leckere Sachen auf dem Weg liegen zu lassen, die Sie zuvor ausgelegt haben. Gleichzeitig festigen Sie mit dieser Übung Ihr Abbruchsignal in den unterschiedlichsten Situationen.

Leckereien auswählen: Als Erstes stellen Sie zu Hause verschiedene Dinge zusammen, die Ihr Hund mag – z. B. Wiener Würstchen, ein Stück Pansen, eine Kaustange, ein Rinderohr. Diese packen Sie in einen kleinen Rucksack. Sobald Sie ein passendes, wenig frequentiertes Wegstück gefunden haben, leinen Sie Ihren Hund an einen Baum oder an eine Parkbank in der Nähe an. Sofern Ihr Vierbeiner bereits ein sicheres »Platzbleib« beherrscht, können Sie ihn natürlich auch frei ablegen.

Übung 4: Die Leckereien liegen eng beieinander – so eine Aufgabe bewältigen nur Fortgeschrittene.

Die Futterspur ziehen: Nun legen Sie die Köstlichkeiten auf dem Weg aus, zunächst in relativ großem Abstand (zirka vier bis fünf Meter) zueinander. Anfangs reichen drei unwiderstehliche Attraktionen. Später können Sie mehrere nehmen. Nun gehen Sie mit Ihrem Hund den Weg entlang. Sichern Sie ihn anfangs durch eine kurze Leine oder mit der kurz gehaltenen Schleppleine. Sobald Ihr Hund auf das erste ausgelegte Futterstück aufmerksam wird, sagen Sie das Abbruchsignal, z.B. »Nein«. Will der Hund trotzdem zum Futterstück, bleiben Sie einfach stehen. Halten Sie dabei die Leine so kurz, dass Ihr Hund das ausgelegte Futterstück gerade nicht erreicht. Jetzt warten Sie so lange, bis der Hund auf die Idee kommt, sich zu Ihnen umzuwenden. In dieser Sekunde sagen Sie sofort sein Lobwort und geben ihm anschließend eine Belohnung. Diese sollte besonders lecker sein und mindestens genauso hochwertig wie das ausgelegte Futter.

117

Mit Hilfsperson üben: Noch besser ist es, wenn eine Hilfsperson Sie bei dieser Übung begleitet. Lassen Sie sie das Futter auslegen, während Sie Ihren Hund gleichzeitig ablenken. Es sollte für den Hund so aussehen, als wären die Leckereien zufällig auf den Weg geraten. Warum? Viele Hunde »wissen« nach einigen Übungswiederholungen: »Wenn mein Frauchen/Herrchen solche Leckereien auf den Weg legt, folgt gleich diese Übung, bei der ich die Wurst sowieso nicht bekomme«. Als Folge versucht Ihr Vierbeiner eventuell, die ganze Situation oder sogar das Futter direkt zu meiden.

Tipp: Bringen Sie möglichst viele Variationen in dieser Übung ein, z. B. durch unterschiedliche Orte, an denen Sie Futter auslegen. Durch die Abwechslung wird diese Übung nie langweilig und Sie trainieren dabei hervorragend das Abbruchsignal in unterschiedlichsten Situationen.

5. Übung: »Beherrsch dich« – Teil 2

Er darf fressen: Sie geben Ihrem Hund das »Platz«-Signal. Nun nehmen Sie ein Leckerli und legen es direkt vor seine Pfoten. Ihr Hund darf das vor seinen Füßen liegende Leckerli jetzt fressen. Achten Sie aber darauf, dass der Hund dabei nicht aufsteht. Tut er es doch, legen Sie das Leckerli noch näher an seine Pfoten. Diesen Schritt wiederholen Sie ein paar Mal.

Er darf nicht fressen: Jetzt legen Sie wieder ein Leckerli vor die Hundepfoten und sagen dabei das Abbruchsignal, z. B. »Nein«. Wenn es der Hund schon gut beherrscht, wird er das vor ihm liegende Leckerli nicht fressen, sondern so lange warten, bis Sie das Leckerli freigeben – z. B. mit dem Signal: »Nimm's«.

Wenn es nicht klappt: Versucht Ihr Hund, das Leckerli trotz des Abbruchsignals zu fressen, schieben Sie schnell Ihre Hand über das Leckerli und schirmen es so vor seinem Zugriff ab.

Übung 5: Verhindern Sie mit dem Abbruchsignal, dass Ihr Hund die auf der Pfote liegende Wurst frisst.

Blickt Ihr Hund Sie an und wartet darauf, dass er eine Belohnung erhält, hat er die Übung verstanden.

Übung 1: Verstecken Sie das Spielzeug anfangs so, dass Ihr Hund noch einen Teil davon sehen kann.

Wiederholen Sie die Übung so lange, bis der Hund das Leckerli auf das Abbruchsignal hin liegen lässt. Wenn es irgendwann so gut klappt, dass Sie einen Zehn-Euro-Schein darauf verwetten würden, gehen Sie zur nächsten Schwierigkeitsstufe über.

Für Fortgeschrittene: Platzieren Sie nun das Leckerli nicht mehr vor, sondern zwischen den Vorderpfoten Ihres Hundes. Sobald diese Übung ebenfalls problemlos gelingt, können Sie das Leckerli sogar auf eine Pfote des Hundes legen.

Für echte Cracks: Im Laufe der Zeit versteht es Ihr Hund immer besser, den Leckereien vor seiner Nase zu widerstehen. Nun können Sie zur Königsdisziplin der Selbstbeherrschung übergehen. Verteilen Sie nach und nach mehrere Leckerlis auf die Vorderpfoten Ihres liegenden Hundes. Wartet er brav auf das Freigabe-Signal »Nimm's«, hat er diese schwierige Übung meisterhaft bestanden. Auf diese Weise lernt er, sich wirklich gut zu beherrschen, wenn es um Futter geht.

3. Thema: »Naseneinsatz«

Als passende Umgebung für die hier vorgestellten Übungen empfehlen wir Ihnen einen Spaziergang im Wald oder entlang eines Feldes mit Büschen und/oder Findlingen.

1. Übung: Spielzeug verstecken

Am besten nehmen Sie für diese Übung ein Spielzeug, mit dem der Hund gerne spielt. Dieses Spielzeug steht ihm in Zukunft nicht mehr zu Hause zur freien Verfügung, sondern ausschließlich auf dem Spaziergang. Auf diese Weise bleibt es für den Hund interessanter. Zeigt Ihr Vierbeiner gar kein Interesse an Spielsachen, können Sie für die Nasenübungen auch einen mit Leckerlis oder normalem Hundefutter gefüllten Futterbeutel verwenden. Hunde müssen das Riechen natürlich nicht erlernen; es ist ihnen angeboren. Wir Menschen müssen ihnen allerdings schrittweise beibringen, was wir von ihnen wollen.

1 Lassen Sie Ihren Hund am Rand des Weges sitzen oder liegen. Bleibt er noch nicht zuverlässig an Ort und Stelle, binden Sie die Leine irgendwo fest. Nehmen Sie anschließend das oben erwähnte Spielzeug. Zeigen Sie es Ihrem Hund und entfernen Sie sich mit dem Spielzeug ein Stück weit, während Ihr Hund Sie dabei beobachtet. Sobald Sie sich zwei bis drei Meter von Ihrem Vierbeiner entfernt haben, legen Sie das Spielzeug einfach auf den Weg. Es sollte für den Hund gut sichtbar sein. Nun gehen Sie zurück zu Ihrem Hund und geben ihn mit dem Signal »Such« oder einem anderen Wort dafür frei. Ist der Hund zum Spielzeug gelaufen, loben Sie ihn überschwänglich. Diesen Ablauf wiederholen Sie drei Mal hintereinander. Legen Sie das Spielzeug bei jedem Durchgang ein Stückchen weiter vom Hund weg, allerdings immer noch so, dass er es sehen kann. Im Anschluss gehen Sie ein Stück weiter, um dann den nächsten Teilschritt zu starten.

119

2 Beim folgenden Durchgang gehen Sie so vor wie oben beschrieben: Der Hund sitzt oder liegt und wartet darauf, dass Sie sich mit dem Spielzeug entfernen. Dieses Mal suchen Sie sich allerdings ein geeignetes Hindernis, hinter dem Sie das Spielzeug teilweise verbergen können. Ein kleiner Teil davon sollte aber noch gut für den Hund sichtbar sein. Auch jetzt gehen Sie zurück zu Ihrem Vierbeiner und schicken ihn mit dem Suchwort los. Hat er das Spielzeug erfolgreich gefunden, loben Sie ihn wieder sehr enthusiastisch. Bringt der Hund Ihnen das Spielzeug, nachdem er es gefunden hat, spielen Sie mit ihm eine Runde. Oder Sie lassen ihn aus dem Leckerlibeutel ein Maul voll Bröckchen fressen. Auch die Übung mit dem halb versteckten Spielzeug wiederholen Sie drei Mal – am besten mit drei verschiedenen Verstecken. Verbergen Sie das Spielzeug beispielsweise einmal hinter einem Grasbüschel, einmal hinter einem Stein und einmal hinter einem Baumstumpf. Wiederholen Sie diese »Such«-Übung immer wieder einmal auf den folgenden Spaziergängen.

3 Bevor es Ihren Hund langweilt, ein nur zum Teil verborgenes Spielzeug zu finden, machen Sie es ihm einfach schwerer. Verstecken Sie das Spielzeug nun vollständig. Jetzt ist die Nase Ihres Hundes gefragt, um das Spielzeug zu finden. Trainieren Sie diese Schwierigkeitsstufe ruhig noch einmal an demselben Ort wie die leichteren Übungsschritte. Wählen Sie dazu eines der drei bereits bewährten Verstecke. Lassen Sie sich auf jeden Fall beim Verstecken von Ihrem Hund zuschauen. Laufen Sie dazu jedes Versteck ab und tun Sie jeweils so, als würden Sie das Spielzeug dort tatsächlich deponieren. In einem der angedeuteten Verstecke verbergen Sie es dann wirklich. Läuft Ihr Hund nach der Freigabe in Richtung der Verstecke los, so feuern Sie ihn zwischendurch ruhig mit »Such« weiter an. Es ist möglich, dass Ihr Hund erst einmal alle Verstecke systematisch absucht, um zu schauen, ob er etwas findet. Das ist aber nicht

weiter schlimm. Manche Hunde dagegen beginnen gleich, ihre Nase einzusetzen. Sie versuchen das versteckte Spielzeug zu erschnüffeln. Das wäre der Idealfall. Versuchen Sie Ihren Hund genau beim Suchvorgang zu beobachten: Setzt er schon die Nase ein oder schaut er sich erst um?

Finderglück: Er hat das versteckte Spielzeug gefunden? Wunderbar! Zeigen Sie Ihrem Hund, wie sehr Sie sich über seine Leistung freuen. Loben Sie ihn wirklich überschwänglich. Hat Ihr Hund ein Zerrspielzeug gefunden, zerren sie kurz mit ihm um die Wette. Ist das versteckte Spielzeug ein Ball, werfen sie diesen zur Belohnung, sodass Ihr Hund hinterherjagen kann. Achten Sie nur darauf, was Ihr Hund als Belohnung empfindet. Sollte Ihr Hund irritiert auf Ihr überschwängliches Lob reagieren, loben Sie bitte etwas dezenter oder tauschen Sie das Spielzeug gegen ein Leckerli ein. Ebenso können Sie Ihren Liebling aus dem Futterbeutel fressen lassen, wenn er diesen gefunden hat. Vergessen Sie nicht: Hunde sind vierbeinige Persönlichkeiten, deren Vorlieben sich auch bei Belohnungen je nach Charakter zum Teil stark unterscheiden. Was für den einen Hund das größte Glück ist, lässt einen anderen kalt. Nur wenn Ihr Hund die von Ihnen angebotene Belohnung (Spiel, Leckerli) wirklich toll findet, bewertet er sie als Lob.

4 Beim nun folgenden Durchgang darf Ihr Hund Ihnen nicht mehr zuschauen. Lenken Sie ihn einfach ab, beispielsweise indem Sie ihm in abgewandter Richtung eine Hand voll Leckerli auf den Boden streuen, die er fressen darf. In der Zeit, in der Ihr Vierbeiner mit Fressen beschäftigt ist, verstecken Sie schnell sein Spielzeug. Anschließend gehen Sie zum Hund und geben ihn mit dem Suchwort frei. Ihr Hund sollte den Ablauf inzwischen schon kennen und sofort beginnen, das Spielzeug zu suchen. Entweder läuft er jetzt wieder alle Verstecke ab oder er fängt an, seine Nase einzusetzen, um das Spielzeug zu finden. Beobachten Sie ihn dabei wieder genau.

Tipp: Wenn Sie noch die Schleppleine benutzen und das Ende der Leine in der Hand halten, trainieren Sie diese Übung natürlich im Radius der Schleppleine. Hierbei halten Sie wie gewohnt das Ende der Schleppleine die ganze Zeit über fest. Für das Anbinden nehmen Sie in diesem Fall noch eine zusätzliche kurze Leine, die Sie schnell wieder lösen können.

2. Übung: »Such verloren«

Mit dieser Übung gelingt es Ihnen, Begleiter auf Ihren Spaziergängen zu beeindrucken. Ihr Hund lernt nämlich, Gegenstände wiederzubringen, die Ihnen offensichtlich aus der Tasche gefallen sind. Später soll Ihr Hund dieses »Kunststück« sogar ohne Kommando durchführen. Sprich: Er soll selbstständig darauf achten, ob Sie auf dem Spaziergang etwas verlieren und falls ja, es Ihnen von alleine wiederbringen. Das Herunterfallen eines Gegenstands wird für den Hund somit selbst zum Signal,

diesen zu apportieren. Für Sie persönlich hat diese Übung später einen überaus willkommenen Nutzen: Sie können praktisch nichts mehr verlieren – zumindest solange Ihr Vierbeiner Sie begleitet. Für den Fall, dass Ihr Hund Gegenstände noch nicht so gut apportieren kann, sollten Sie dies zunächst gesondert mit ihm üben (siehe dazu »Apportieren lernen«, Seite 126).

1 Sie spazieren mit Ihrem Hund einen Weg entlang. Plötzlich lassen Sie sein Lieblingsspielzeug auf den Weg fallen, und zwar so, dass er es sicher mitbekommt. Rennt der Hund interessiert hin, um es zu holen, loben Sie ihn überschwänglich mit Ihrer Stimme. Animieren Sie ihn, Ihnen das Spielzeug zu bringen. Zur Belohnung spielen Sie anschließend eine Runde mit ihm.

2 Beim nächsten Durchgang lassen Sie wiederum sein Lieblingsspielzeug fallen. Nun darf Ihr Hund aber nicht sofort loslaufen, um es zu holen. Vielmehr lenken Sie ihn beispielsweise mit Futter kurz ab oder Sie halten ihn so lange an der kurzen

Übung 2: Nasenarbeit ist nicht nur etwas für Jagdhunderassen.

121

Übung 2: Schicken Sie Ihren Hund anfangs mit dem »Such«-Signal los.

Das Aufnehmen ungewohnter Gegenstände wie einer Geldbörse will geübt sein.

Bringt der Hund Ihnen die Geldbörse, erhält er eine tolle Belohnung.

Schleppleine, bis Sie sich wenigstens drei bis fünf Meter von dem Spielzeug entfernt haben. Achten Sie währenddessen aber darauf, dass Ihr Hund das Spielzeug nie aus den Augen verliert. Das Interesse daran sollte ständig präsent sein. Nun geben Sie ihn mit dem »Such«-Signal frei, das Sie bereits für die Versteck-Übung verwendet haben. Hat Ihr Hund schon Interesse am Apportieren oder am Spielzeugbringen gezeigt? Super. Dann wird es ein Spaß für ihn sein, den Weg zurückzurennen, das vermeintlich aus Ihrer Tasche gefallene Spielzeug einzusammeln und Ihnen zu bringen. Natürlich loben Sie Ihren Vierbeiner nach der erfolgreichen Übung großzügig und freuen sich sehr über die bewältigte Aufgabe.

3 Nun können Sie beginnen, den Abstand zum Spielzeug zu vergrößern, bis Sie den Hund anweisen, es zu holen. Wenn Sie noch mit Schleppleine arbeiten, sind das maximal zehn Meter.

Alternativ können Sie auch einfach mit dem Hund zum verlorenen Gegenstand zurücklaufen. Holt Ihr Hund das Spielzeug auch aus größerer Entfernung und bringt es Ihnen zurück, kann der nächste Schritt angegangen werden.

4 Lassen Sie das Spielzeug nun eher ganz beiläufig fallen. Das heißt: Wenn der Gegenstand auf den Boden fällt, sollte es Ihr Hund möglichst gar nicht sofort mitbekommen. Je nach Können machen Sie Ihren Hund in einiger Entfernung auf das heruntergefallene Spielzeug aufmerksam. Dazu sprechen Sie ihn erst an, anschließend schauen Sie in die Richtung des Spielzeugs und sagen das »Such«- oder Apportiersignal. Bei den meisten Hunden genügt es nach ein paar Durchgängen schon, dass Sie Ihren Vierbeiner nur noch aufmerksam machen und in Richtung des Spielzeugs blicken. Ihr vierbeiniger Freund wird sofort losrennen, um es zu holen.

122

Geeignete Gegenstände: Hunden, denen das Bringen großen Spaß macht, achten nach einiger Übung sehr aufmerksam darauf, ob das »trottelige« Frauchen oder Herrchen wieder etwas fallen lässt. Klappt die Übung mit dem Spielzeug zuverlässig, ist es an der Zeit, das »Such verloren«-Spiel mit anderen Gegenständen zu trainieren. Wie geschaffen für diesen Zweck sind beispielsweise alte Geldbörsen, Hüte, Mützen oder Handschuhe. Achten Sie bei der Auswahl der Gebrauchsgegenstände darauf, dass diese Ihren Geruch tragen. So kann Ihr Vierbeiner Freund das verlorene Gut sicher als Ihren Besitz identifizieren.

3. Übung: Futterspur verfolgen

Suchen Sie sich eine gemähte Wiese oder ein Waldstück in der nähe des Weges mit wenig Unterholz. Nun leinen Sie Ihren Hund an einer Bank oder einem Baum in unmittelbarer Nähe an. Wählen Sie einen Anfangspunkt und ein Ziel. Letzteres sollte eine Landmarke in der Entfernung sein, etwa ein auffälliger Busch oder dicker Baum. Auf einer Wiese eignet sich auch ein markantes Grasbüschel. Es ist egal, wie weit das Ziel entfernt ist. Es sollte nur in einer geraden Linie von Ihrem Startpunkt aus liegen.

Vorbereitung: Markieren Sie Ihren Startpunkt. Dazu können Sie einen Stein oder ein Stöckchen verwenden, das Sie in den Boden stecken. Am Startpunkt legen Sie nun zehn Leckerli auf den Boden. Dann laufen Sie von dort in einer geraden Linie ungefähr zehn Schritte geradeaus und legen nach jedem Schritt ein Futterbröckchen in Ihre Spur. Am Ende der zehn Schritte streuen Sie wiederum eine ganze Hand voll Bröckchen auf den Boden. Alternativ können am Ziel auch das Lieblingsspielzeug oder der Futterbeutel als Belohnung auf Ihren Hund warten. Diese Gegenstände sollten für den Hund allerdings erst unmittelbar vor oder am Ziel selbst sichtbar sein. Wenn dies nicht

realisierbar ist, legen Sie lieber das optisch weniger auffällige Futter als Belohnung am Ende der Suchspur auf den Boden. Am Ziel angelangt, machen Sie nun einen großen Schritt zur Seite und verlassen damit Ihre Spur. Anschließend gehen Sie in einem großen Bogen zurück zum Ausgangspunkt, ohne dabei die ausgelegte Spur zu kreuzen. Laufen Sie auch niemals auf der ausgelegten Spur zurück oder in ihrer unmittelbaren Nähe. Ob Sie am Startpunkt dann einen Moment warten oder Ihren Hund gleich die Futterspur verfolgen lassen, können Sie je nach Situation entscheiden.

Der Hund ist an der Reihe: Führen Sie Ihren Hund zu Beginn der Übung zunächst zum Anfang der Spur. Dort angekommen, zeigen Sie ihm den Spuranfang, falls er diesen nicht ohnehin schon erschnüffelt hat. Gehen Sie jetzt mit ihm an lockerer Leine die Spur ab. Passen Sie dazu Ihr Tempo dem Ihres suchenden Hundes an. Das Tier darf sich Leckerli für Leckerli die Spur entlangschnüffeln. Zwischendurch dürfen Sie ihn mit Ihrer

Übung 3: Eine einfachere Variante der Übung ist, eine Futterspur auf dem Weg auszulegen.

123

Stimme loben, es sei denn, dies würde ihn zu sehr ablenken. Sollte Ihr Hund hin und wieder von der Spur abkommen, bleiben Sie einfach ruhig stehen und halten die Leine nur fest. Ziehen Sie das Tier auf keinen Fall zurück zur Spur. Es soll die Spur von ganz alleine wiederfinden. Den meisten Hunden gelingt dies schon nach ganz kurzer Zeit.

Ist Ihr Vierbeiner am Ziel angekommen, loben Sie ihn, und er darf die ganzen Leckerlis dort fressen! Lassen Sie ihn hinterher nicht wieder in der Spur zurückgehen. Manche Hunde wollen noch einmal schauen, ob sie nicht doch noch etwas finden. Unterbinden Sie dies, indem Sie mit Ihrem Hund in einem großen Bogen abseits der Spur zurückgehen, nachdem er die Leckerlis am Ziel aufgefressen hat.

Leckerlis abbauen: Wenn Sie die Übung wiederholt durchführen, können Sie nach und nach immer weniger Leckerlis in immer größeren Abständen auslegen. So lernt Ihr Hund mit der Zeit, sich auf Ihre Geruchsspur zu konzentrieren, die Sie naturgemäß hinterlassen. Irgendwann können Sie dann sogar ganz auf die Leckerlis verzichten, sodass der Hund nur noch Ihrer menschlichen Fährte folgt. Am Ende der Geruchsspur sollte allerdings stets eine Belohnung auf den Hund warten.

Zu Hause üben: Bei schlechtem Wetter können Sie eine Abwandlung der Übung sogar zu Hause trainieren. Verstecken Sie die Futterbröckchen einfach in der Wohnung und lassen Sie diese von Ihrem Hund suchen. Solange Sie die Bröckchen verstecken, muss Ihr Hund im »Sitz-bleib« warten.

4. Übung: Einen Stock finden

Suchen Sie sich einen mittelgroßen Stock, nehmen Sie ihn in die Hand und umfassen Sie ihn ein paar Minuten lang. Nun legen Sie Ihren Hund zunächst ins »Platz« und lassen ihn kurz an dem Stock in Ihrer Hand schnüffeln. Während Ihr Vierbeiner in dieser Position bleibt, laufen Sie mit dem Stock in der Hand ein

Stück den Weg entlang. Falls Ihr Hund das Sitzen- oder Liegenbleiben noch nicht beherrscht, binden Sie ihn an einem Baum oder einer Bank fest. Sobald Sie ungefähr zehn Meter vom Hund entfernt sind, werfen Sie den Stock einfach an den Wegrand. Ihr Hund darf ruhig dabei zuschauen. Nun gehen Sie zu ihm zurück und geben ihn mit dem »Such«-Signal frei, das Sie schon für die Suche des verlorenen Gegenstands verwendet haben (siehe Seite 121–122). Deuten Sie dabei mit Ihrer Hand und Ihrem Blick in die Richtung des Stocks und lassen Ihren Hund den Stock suchen. Da sich dieser auf dem Waldboden nicht sonderlich von anderen herumliegenden Stöcken unterscheidet, muss Ihr Vierbeiner seine Nase dazu einsetzen, den richtigen Stock zu finden. Wenn Ihr Hund den Stock gefunden hat, loben Sie ihn natürlich ganz überschwänglich.

Hilfestellung leisten: Merken Sie sich bei den ersten Durchgängen bitte die Stelle, wohin Sie den Stock geworfen haben. So können Sie Ihrem Hund helfen, falls dieser anfänglich noch ein wenig Unterstützung benötigt. Hat Ihr Vierbeiner erst einmal das Suchspiel verstanden, dass er den Stock mit Ihrem Geruch suchen soll, wird er diesen unter hundert anderen am Waldboden sicher herausfinden.

Für Fortgeschrittene: Bei den folgenden Durchgängen steigern Sie den Schwierigkeitsgrad. Erst verstecken Sie den Stock in immer größeren Abständen vom wartenden Hund. Danach suchen Sie sich immer schwierigere Verstecke. Manchmal findet man regelrechte Asthaufen im Wald. Werfen Sie Ihren Stock ruhig einmal auf einen solchen Haufen und lassen Sie den Hund danach suchen. Oder erhöhen Sie die Schwierigkeit, indem Sie immer kleinere Stöckchen verwenden. Irgendwann verstecken Sie dann ganz dünne Ästchen, die Sie in der Hand gehalten haben. Nach einigen Durchgängen müssen Sie Ihrem Hund den Stock auch nicht mehr unbedingt zum »Anschnüffeln« hinhalten, bevor Sie diesen verstecken.

Übung 4: Halten Sie Ihrem Hund den Stock kurz zum Beschnuppern hin. So weiß er, was er suchen soll.

Hier ist der Stock in einem Asthaufen versteckt. Kein Problem für die gute Nase Ihres Hundes.

5. Übung: Herrchen oder Frauchen versteckt sich

Bei dieser Übung erhält Ihr Hund nun die Aufgabe, Sie oder eine andere Person zu suchen. Sie brauchen dafür keine weiteren Hilfsmittel, außer ein paar Leckerlis oder ein Spielzeug, das Ihr Hund mag, zur Belohnung.

Sie selbst verstecken sich: Spazieren Sie mit Ihrem Hund einen Waldweg entlang, wobei Ihr Hund ein paar Meter vor Ihnen läuft. Ist er einmal abgelenkt und schnuppert am Wegrand, passen Sie diesen Moment ab, um schnell hinter einem Baum zu verschwinden. Meist dauert es nicht lange, bis Ihr Vierbeiner Ihre Abwesenheit bemerkt. Die meisten Hunde laufen dann spontan den Weg zurück, um zu schauen oder zu erschnüffeln, wo ihr Mensch geblieben ist. Beobachten Sie Ihren Hund heimlich aus Ihrem Versteck heraus und schauen Sie, was er macht. Sucht er Sie, dann warten Sie noch eine Weile ab, ob er Sie mithilfe seines Geruchsinns findet. Hat er Sie schließlich entdeckt, freuen Sie sich über Ihren Hund, so als hätten Sie sich tagelang nicht mehr gesehen. Geben Sie ihm bei den ersten

Übungsdurchgängen zusätzlich viele tolle Leckerlis oder spielen Sie eine Runde mit seinem Lieblingsspielzeug.

Die allermeisten Hunde freuen sich riesig, wenn sie ihren Menschen gefunden haben. Für viele ist dies allein schon eine tolle Belohnung. Falls Sie bei der Beobachtung aus Ihrem Versteck heraus allerdings bemerken sollten, dass Ihr Hund Sie nicht sucht, sondern vielmehr Angst bekommt und droht, aus Panik wegzulaufen, machen Sie sich sofort bemerkbar und rufen ihn zu sich. Wenn er Sie nicht sofort orten kann, zeigen Sie sich Ihrem Vierbeiner. Manche Hunde müssen erst lernen, ihre Nase auch in solchen Situationen einzusetzen.

Eine andere Person versteckt sich: Wenn Sie mit einer Begleitung unterwegs sind, kann diese sich an Ihrer statt verstecken. Allerdings bedarf es bei dieser Variante in der Regel ein wenig Animation. Ihr Hund muss erst lernen, sich dafür zu interessieren, wo die andere Person geblieben ist. Und so gehen Sie dabei vor: Die Hilfsperson zeigt Ihrem Hund ein Spielzeug oder ein tolles Leckerli. Sie halten Ihren Hund dabei an der

125

kurz gefassten Schleppleine fest. Nun wedelt die Hilfsperson mit dem Spielzeug oder Leckerli vor der Nase Ihres Vierbeiners herum, um ihm zu zeigen, was sie für ihn hat. Anschließend läuft die Person weg – erst 10 bis 20 Meter den Weg entlang, um sich dann hinter einem dicken Baum zu verstecken. Lassen Sie anschließend Ihren Hund mit dem Signal »Such« los; die Schleppleine schleift dabei auf dem Boden oder wird von Ihnen am Ende gehalten. Hat Ihr Hund die Person gefunden, freut diese sich überschwänglich über den Erfolg und belohnt Ihren Vierbeiner mit dem bereitgehaltenen Spielzeug oder einer ganzen Hand voll Leckerlis. Natürlich können Sie oder Ihre Begleitung sich auch hinter Büschen oder Parkbänken verstecken. Selbst wenn das Versteck Sie nicht vollkommen verbirgt, ist es eine Herausforderung für den Hund, Sie zu suchen.

6. Übung: Apportieren lernen

Falls Ihr Hund noch keine große Routine darin hat, Gegenstände zu apportieren, so gibt es mehrere Möglichkeiten, ihm dies beizubringen. Wir stellen hier allerdings nur eine Methode vor. Manche Hunde apportieren schon spontan sehr gut, beispielsweise Spielsachen oder Bälle, wenn diese geworfen werden. Anderen Hunden liegt dagegen dieses »Spielzeug-Apportieren« nicht so sehr. Für sie eignet sich in aller Regel die hier vorgestellte Methode besonders gut, da das Apportieren schrittweise aufgebaut wird.

Vorbereitung: Halten Sie Ihrem Hund zunächst einen für ihn angenehmen Gegenstand hin, etwa ein Spieltau oder eine Beißwurst. Geeignet ist im Prinzip alles, was Ihr Hund gerne ins Maul nehmen mag, ihn aber nicht sofort zum Spielen animiert – oder anders ausgedrückt: was er nicht unverzüglich zerreißen oder schütteln möchte. Ansonsten verwenden Sie etwas Neutraleres, wie beispielsweise eine Packung Papiertaschentücher oder eine alte Geldbörse.

Schrittweise vorgehen: Der Hund lernt das Apportieren in vier Schritten: Er muss den Apportiergegenstand (auch Apportel genannt) 1. ansehen, 2. ins Maul nehmen, 3. vom Boden aufheben und 4. zu Ihnen bringen. Bestens bewährt für das Training hat sich übrigens der Einsatz eines Clickers.

Nehmen Sie als Erstes den Gegenstand in die Hand und klicken Sie (oder sagen Sie das Lobwort) genau in der Sekunde, in der Ihr Hund das Spielzeug ansieht. Danach geben Sie ihm das Leckerli. Manche Hunde stupsen den Gegenstand auch spontan mit der Nase an. Dann loben oder klicken Sie bitte dieses erste Berühren des Gegenstands. Im Folgenden stellen wir den Ablauf als Überblick in einzelnen Schritten dar.

Je nach Hund und individueller Lerngeschwindigkeit kann es nötig sein, weitere Zwischenschritte einzufügen. Ein Beispiel: Damit Ihr Hund den Lernschritt vom Anstupsen zum Ins-Maul-nehmen vollzieht, klicken Sie nur bei besonders festen Stupsern – und zwar so lange, bis Ihr Hund auf die Idee kommt, das Maul dabei leicht zu öffnen. Schon sind Sie einen Schritt weiter auf dem Weg zum Ins-Maul-nehmen.

Das Prinzip dürfte klar sein, nun die einzelne Schritte:

▶ Ihr Hund soll das Apportel in Ihrer Hand anschauen.

▶ Ihr Hund soll das Apportel in Ihrer Hand anstupsen.

▶ Ihr Hund soll das Apportel in Ihrer Hand mit dem Maul umfassen (bzw. hineinbeißen).

▶ Ihr Hund soll das Apportel, das jetzt auf dem Boden liegt, ins Maul nehmen.

▶ Ihr Hund soll das Apportel vom Boden hochnehmen und in Ihre Hand fallen lassen.

▶ Sie legen das Apportel ein Stück weit weg (anfangs einen halben Meter) und lassen es sich wieder in die Hand bringen.

▶ Sie führen das Wortsignal ein, indem Sie, kurz bevor Ihr Hund den Gegenstand mit dem Maul aufnimmt, das entsprechende Signal geben, z. B. »Brings« oder »Apport«.

4. Thema: Tricks

Bei allen im Folgenden beschriebenen Tricks empfehlen wir die Verwendung des Clickers, mit dem Sie das richtige Verhalten Ihres Hundes präziser bestätigen können. Sollten Sie lieber mit dem Lobwort arbeiten, ist dies auch möglich, wenden Sie dann aber bitte das Wort sehr exakt an. Zudem kann es etwas länger dauern, bis die Übungen gelingen. Der Einfachheit halber sprechen wir im Folgenden deshalb nur vom Klick. Bevorzugen Sie das Lobwort, ersetzen Sie jeweils »Klick« durch »Lobwort«.

1. Übung: Hand-Touch (engl. Hand berühren)

Bevor Sie mit den übrigen Tricks anfangen, empfehlen wir, als Erstes den sogenannten Hand-Touch zu üben. Sie benutzen dabei Ihre Hand als Ziel, das Ihr Hund mit der Nase anstupsen soll. Deshalb bezeichnet man dies auch als Handtarget (engl. target = Ziel) oder als Target-Training (Ziel-Training). Nicht nur die Hand kann ein Target darstellen. Ebenso können Sie Targetstäbe verwenden oder flache Scheiben als Boden-Targets. Wenn Ihr Hund diese Übung beherrscht, können Sie ihn überall hinführen oder positionieren – ohne Leckerli als Lockmittel und ohne ihn an der Leine irgendwo hinziehen zu müssen.

Mit Leckerli locken: Natürlich können Sie Ihren Hund bei den folgenden Übungen auch mit einem Leckerli als Lockmittel führen. Das funktioniert genauso, dauert aber oft viel länger, bis eine Übung gut klappt. Das liegt daran, dass das Leckerli Ihren Hund manchmal von der eigentlichen Übung ablenkt. Er »denkt« sozusagen nur an das Futter, das er permanent in der Nase hat. Folglich konzentriert er sich weniger darauf, herauszufinden, was sein Mensch eigentlich von ihm will.

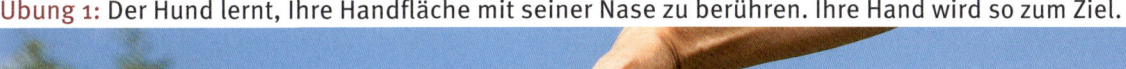

Übung 1: Der Hund lernt, Ihre Handfläche mit seiner Nase zu berühren. Ihre Hand wird so zum Ziel.

1 Sie halten dem Hund Ihre Hand hin, die Handfläche ist auf ihn gerichtet. Meist schnüffelt der Hund die hingehaltene Hand sofort an. In diesem Augenblick klicken Sie und geben Ihrem Vierbeiner anschließend sein Leckerli. Diesen Ablauf wiederholen Sie einige Male. Dann machen Sie eine kurze Pause und wiederholen die Übung an einem anderen Ort.

2 Schaut der Hund Ihre Hand nur an, anstatt sie direkt anzustupsen, führen Sie einen Zwischenschritt ein: Sie klicken zunächst nur, wenn er Ihre Hand ansieht. Dies wiederholen Sie mehrmals. Irgendwann klicken Sie nicht mehr nur für das Ansehen der Hand. In der Regel dauert es nicht lange, bis Ihr Hund nachdrücklicher wird. Schließlich erwartet er eine Belohnung für das Handanschauen, die auf einmal ausbleibt. Jetzt wird er wahrscheinlich Ihre Hand mit seiner Nase berühren. Genau in dieser Sekunde klicken Sie und geben ihm das Leckerli. Dies

wiederholen Sie ein paar Mal, bis Ihr Hund sicher im Berühren der Hand geworden ist.

3 Führen Sie das Signal ein, z. B. das Wort »Touch« oder »Nase«. Sagen Sie es, kurz bevor der Hund Ihre Hand berührt.

4 Nun können Sie anfangen, Ihre Hand langsam zu bewegen, sodass Ihr Hund der Hand folgen muss, um sie zu berühren. Beginnen Sie in ganz kleinen Schritten. Führen Sie die Hand anfangs nur ein paar Zentimeter weit. Die Hundenase soll der Hand dabei folgen. Hat die Nase des Hundes Ihre Hand erreicht, gibt es einen Klick und das Leckerli. Sie verlängern die Strecken, die der Hund der Hand folgen soll, auf diese Weise immer weiter – so lange, bis Sie den Hund mit Ihrer Hand in jede gewünschte Position führen können.

Mit dem Targetstab: Statt der Hand können Sie zum Führen der Hundenase auch einen sogenannten Targetstab verwen-

Übung 2: Ihr Hund steht rechts neben Ihnen. Führen Sie seine Nase mit dem Hand-Target nach rechts.

Vervollständigen Sie nun den Kreisbogen, indem Sie Ihren Hund weiter mit dem Hand-Touch leiten.

Pause in der Abendsonne nach einem gemeinsamen Spaziergang – ein schöner Tagesausklang.

den. Dies ist ein ausziehbarer Stab mit einer kleinen Kugel am Ende. Der Aufbau der Übung ist derselbe wie oben beschrieben. Statt der Hand halten Sie Ihrem Hund nun allerdings den Stab hin und klicken, sobald Ihr Hund diesen mit seiner Nase berührt. Dabei ist es zunächst unerheblich, wo er den Stab berührt. Später klicken Sie dann nur noch, wenn er den Stab an der Spitze berührt. Der Stab ist wie ein verlängerter Arm. Er eignet sich besonders gut für kleine Hunde, die größenbedingt Ihre Hand nicht so gut erreichen.

2. Übung: »Twist« und »Runde« mit dem Targetstab oder dem Handtarget

Ihr Hund lernt, sich an Ihrer Seite um seine eigene Achse zu drehen. Diese Übung eignet sich gut dazu, um z. B. die normale »Fuß«-Übung etwas aufzupeppen. Sie können sie entweder mit Ihrer Hand als Target (Hand-Touch) oder besser noch mit dem

Targetstab aufbauen. Viele Hunde mögen es nicht gerne, wenn sich jemand über sie beugt, und weichen in solchen Fällen aus.

Mit dem Targetstab: Für diese Übung ist der Targetstab als verlängerter Arm besonders geeignet. Mit seiner Hilfe können Sie aufrecht neben dem Hund stehen und müssen sich nicht über ihn beugen oder mit der Hand über seinen Kopf gehen.

1 Für die erste Drehung steht Ihr Hund an Ihrer rechten Seite. Halten Sie den Targetstab vor seine Nase und bewegen Sie die Stabspitze auf einem gedachten Kreisbogen ein Stück nach rechts außen (= nach rechts vom Hund). Um die Spitze zu berühren, muss sich Ihr Hund ebenfalls nach rechts drehen – zumindest seinen Kopf. Dafür gibt es einen Klick und ein Leckerli.

2 Nehmen Sie anschließend wieder die Ausgangsposition ein. Beim nächsten Durchgang bewegen Sie den Stab wieder auf dem gedachten Kreisbogen – jetzt aber ein Stück weiter nach rechts, ehe Sie den Hund den Stab berühren lassen. Dafür erhält er wieder einen Klick und ein Leckerli.

3 Wiederholen Sie den Übungsablauf, doch bei jedem neuen Durchgang vergrößern Sie nun den gedachten Kreisbogen. So führen Sie Ihren Hund mit dem Targetstab Schritt für Schritt immer ein Stück weiter herum, bis das Tier einen vollständigen Kreis um die eigene Achse vollzieht.

Mit dem Handtarget: Wenn Sie die Handfläche als Target verwenden, halten Sie diese vor die Hundenase. Führen Sie die Hand, genau wie für den Stab beschrieben, in einem gedachten Kreisbogen ein Stück nach rechts vom Hundekopf. Folgt der Hund Ihrer Hand über diese Strecke, klicken Sie sofort und geben ein Leckerli. Nachdem sich Ihr Hund wieder in der Ausgangsposition an Ihrer rechten Seite befindet, starten Sie erneut, indem Sie Ihre Hand in dem gedachten Kreisbogen ein Stück weiter herumführen, bis der Kreis vollständig ist und sich Ihr Hund einmal um die eigene Achse gedreht hat. Achten Sie nur darauf, dass Sie sich bei dieser Übung nicht zu stark über

Übung 3: Führen Sie den Hund mithilfe des Handtargets unter dem vorgestellten Bein hindurch.

Sie können hierzu auch den Targetstab einsetzen, um dem Hund den Weg durch Ihre Beine zu zeigen.

Ihren Hund beugen. Das könnte dazu führen, dass er sich in dieser Position nicht wohlfühlt und Ihnen ausweicht.

Links herum: Viele Hunde vervollständigen den Kreis von alleine, wenn sie nur ein Viertel oder die Hälfte des Kreises mit dem Stab oder der Hand geführt worden sind. Beherrscht Ihr Hund auf der rechten Seite zuverlässig den Kreis um die eigene Achse, können Sie mit derselben Übung auf der linken Seite beginnen. Dazu steht der Hund anfangs links neben Ihnen. Führen Sie ihn dieses Mal mit dem Targetstab gegen den Uhrzeigersinn links herum.

Wortsignal einführen: Ist Ihr Hund sicher in den Drehungen um die eigene Achse, können Sie das Wortsignal einführen und die Hilfen Targetstab und Handtarget langsam abbauen. Verwenden Sie später, wenn Sie das Signal einführen, für jede Richtung ein anderes Wortsignal: z. B. »Twist« für die Drehung um die eigene Achse nach rechts und »Runde« für die Drehung nach links. Die Hilfe mit dem Targetstab bauen Sie ab, indem Sie den Stab langsam immer mehr verkürzen, bis er vollkommen verschwunden ist. Ihre Hand als Hilfsmittel bauen Sie ab, indem Sie den Hund nicht mehr vollkommen im Kreisbogen herumführen, sondern diesen mit der Hand nur mehr andeuten.

Tipp: Nutzen Sie das erarbeitete Leckerli nach dem Klick, um den Hund wieder in die Ausgangsposition für den nächsten Trainingsdurchgang zu führen.

3. Übung: Slalom durch die Beine

Auch bei dieser Übung ist es optimal, wenn Sie den Targetstab oder Ihre Hand als Target benutzen. Zum einen können Sie sich auf diese Weise das Locken mit Futter oder Spielzeug sparen, zum anderen müssen Sie sich während der Übung nicht bücken. Letzteres ist nicht nur sehr anstrengend, es sieht auch nicht besonders elegant aus, wenn Sie mit Ihren Händen zwischen den Beinen herumfuchteln müssen, um Ihren Hund zum Durchlaufen zu animieren.

1 Ihr Hund steht neben Ihrem linken Bein. Stellen Sie nun Ihr rechtes Bein nach vorne und führen Sie den Targetstab oder die Hand von rechts unter dem ausgestellten Bein durch. Warten Sie, bis der Hund den Stab oder die Hand wahrnimmt. Sobald dies geschieht, ziehen Sie den Targetstab oder Ihre Hand wieder unter Ihrem Bein durch. Um den Stab oder die Hand zu berühren, muss Ihr Hund unter dem vorgestellten Bein durchlaufen. Hat er das geschafft, gibt es einen Klick und ein Leckerli.

2 Nach diesem Muster üben Sie ein paar Mal das Durchlaufen von links nach rechts. Anschließend wird das Durchlaufen zur anderen Seite geübt. Dabei gehen Sie genauso vor, nur dass der Hund rechts von Ihnen sitzt oder steht. Jetzt stellen Sie das linke Bein nach vorne und führen Ihre Hand oder den Targetstab von der linken Seite her unter Ihrem Bein durch. Ihr Hund muss der Hand oder dem Stab jetzt durch das linke ausgestellte Bein folgen. Ist er durchgelaufen, bekommt er natürlich wieder seinen Klick und sein Leckerli. Haben Sie das Durchlaufen auch von dieser Seite einige Male geübt, können Sie beginnen, Ihre Beine abwechselnd nach vorne zu stellen. Schon ist der Slalom durch die Beine fertig.

3 Wenn die Übung gut klappt, führen Sie das Wortsignal ein, z. B. »Durch« oder »Slalom«. Die Hilfen mit Targetstab oder Handtarget bauen Sie ab, indem Sie den Stab verkürzen oder die Bewegung mit der Hand nur noch andeuten. So wird das nach vorne gestellte Bein gemeinsam mit dem von Ihnen festgelegten Wort (etwa »Durch«) später zum Signal für den Slalom durch Ihre Beine. Die Hände oder den Stab zum Durchführen benötigen Sie dann nicht mehr.

Tipp: Machen Sie den nächsten Vorwärtsschritt erst, wenn Ihr Hund vollständig unter Ihrem Bein durchgelaufen ist. Andernfalls entsteht der Eindruck, dass nicht der Hund zwischen Ihren Beinen hindurchläuft, sondern Sie über ihn hinwegsteigen.

Übung 3: Stellen Sie Ihr Bein zunächst so an den Baumstamm, dass die Sprunghöhe niedrig ist.

4. Übung: Sprung über ein Bein

Machen Sie diese Übung nur, wenn Ihr Hund gesund ist und keine Rücken- oder sonstigen Knochenprobleme hat. Die Übung verlangt auch von Ihnen eine gewisse Sportlichkeit.

1 Sie benötigen eine niedrige Parkbank oder einen Baumstamm bzw. -stumpf. Lassen Sie Ihren Hund rechts neben sich sitzen und stellen Sie die Fußsohle Ihres gestreckten linken Beines an die Parkbank oder an den Baumstamm. Zeigen Sie Ihrem Hund ein Leckerli und werfen Sie es nach links über Ihr ausgestelltes Bein. Ihr Hund möchte dem Leckerli folgen und springt ihm über das ausgestellte Bein hinterher.

2 Wiederholen Sie die Übung mehrfach. Dabei können Sie das Bein von Mal zu Mal etwas höher an den Baum stellen, sodass der Hund immer ein wenig höher springen muss. Beginnen Sie relativ niedrig und natürlich stets der Hundegröße angemessen. Zunächst soll Ihr Vierbeiner das Prinzip lernen. Springt er, klicken Sie noch während des Sprungs. Danach darf

er sich das hingeworfene Leckerli holen. Je nach Vorliebe des Hundes können Sie auch einen Ball oder das Beutemäppchen über Ihr ausgestelltes Bein werfen.

3 Haben Sie die Übung einige Male wiederholt und springt Ihr Hund zuverlässig über das gestreckte Bein, führen Sie das Wortsignal »Hopp« ein. Sagen Sie es immer, kurz bevor der Hund abspringt. Selbstverständlich können Sie anschließend genauso den Sprung in die andere Richtung üben.

5. Übung: Männchen machen

Auch für diese Übung sollte Ihr Hund keine Probleme mit dem Rücken oder seiner Hüfte haben.

1 Lassen Sie Ihren Hund zunächst vor sich sitzen. Halten Sie dann Ihre Hand mit der Handfläche nach unten über seinen Kopf – und zwar genauso weit von seiner Nase entfernt, dass er sich recken muss, um Ihre Hand zu berühren. Sobald er dies tut, geben Sie einen Klick und ein Leckerli.

2 Halten Sie nun von Mal zu Mal die Hand immer höher. Damit verleiten Sie Ihren Hund, sich aus dem »Sitz« heraus nach oben zum Handtarget zu strecken. Jetzt klicken Sie, sobald der Hund seine Vorderfüße in der Luft hat. Falls Ihr Hund bei der Übung komplett aufsteht oder nach dem Leckerli hüpft, setzen Sie ihn einfach kommentarlos wieder hin. Beginnen Sie die Übung in diesem Fall von vorne. Kleine Hunde stellen sich bei dieser Übung später komplett auf die Hinterfüße, während die großen Rassen meist mehr Stabilität haben, wenn sie mit dem Hinterteil auf dem Boden sitzen bleiben.

Wichtig: Verlangen Sie diese Übung nicht zu oft hintereinander, da sie sehr anstrengend für den Hund sein kann. Die Rückenmuskulatur muss sich erst nach und nach aufbauen und stärken. Die Übung eignet sich auch gut für den Einsatz des Targetstabs. Halten Sie dazu die Spitze des Stabs über den Kopf des Hundes, sodass sich dieser recken muss, um den Stab zu berühren.

Übung 5: Aus dem Handtarget ergibt sich mit einiger Übung das Handsignal für »Männchen machen«.

5. Thema: »Komplexe Übungen «

Dieser Spaziergang ist »Action pur«, denn dabei werden die Übungen zu regelrechten Ketten zusammengebaut. Durch so einen Spaziergang können Sie Ihren Hund richtig fordern.

1. Übung: »Drumherum« mit Extras

Wenn Sie im Wald unterwegs sind, suchen Sie sich einen mitteldicken Baum, der relativ nah am Weg steht und nicht von Gebüsch umgeben ist. Liegt in seiner Nähe ein Baumstamm auf dem Boden? Prima, das ist ideal. Sind Sie dagegen im Feld unterwegs, suchen Sie einen Ort, an dem es etwas zu umrunden (z. B. einen Pfosten) und etwas zum Darüberbalancieren (einen größeren Felsblock oder eine Parkbank) gibt.

1 Stellen Sie sich im Abstand von einigen Metern vor das Umrundungshindernis, beispielsweise den Baum oder Pfosten. Als Ausgangsposition lassen Sie Ihren Hund links oder rechts neben sich sitzen. Nun schicken Sie Ihren Hund zunächst um den Baum oder Pfosten herum (siehe dazu die Übung »Ein Objekt umrunden«, Seite 109–110). Anschließend darf er wieder zu Ihnen in die Ausgangsposition zurückkehren. Wenn Ihr Hund noch nicht von vorne in die »Fuß«- oder »Seite«-Position kommen kann, helfen Sie ihm bitte, indem Sie ihn mit dem Handtarget oder mit einem Leckerli in der Hand dorthin führen.

2 Beginnen Sie zunächst wie bei Schritt 1, nur geben Sie jetzt Ihrem Hund das »Sitz«-Signal, während er noch beim Umrunden des Baumes ist. Auf das Signal hin sollte er sich sofort neben den Baum oder Pfosten setzen. Nach einem kurzen Moment sagen Sie das Lobwort und lassen den Hund wieder in die Ausgangsposition kommen – also an Ihre linke oder rechte Seite. Dort erhält er sein Leckerli.

3 Schicken Sie Ihren Hund wieder los, den Baum oder Pfosten zu umrunden. Wenn er gerade um den Baum herum ist, gehen Sie ihm ein paar Schritte entgegen, stellen sich seitlich zu ihm und führen ihn mit der Hand (wenn nötig mit Leckerli) sofort im Anschluss zum auf dem Boden liegenden Baumstamm bzw. zur Parkbank. Auf diesem Hindernis darf er entlangbalancieren, sobald Sie das entsprechende Signal (siehe Seite 108) gegeben haben. Bitte lassen Sie Ihren Hund nur mit trockenen Pfoten über eine Bank laufen, um diese nicht zu verschmutzen, und selbstverständlich nur, wenn niemand auf der Bank sitzt. Danach suchen Sie sich wiederum den nächsten Baum oder Pfosten und lassen den Hund sofort wieder zu einem Umrundungsdurchgang starten. Hat er diesen erledigt, darf er wieder in die Ausgangsposition neben Sie kommen. Geben Sie nun das Signal »Platz«, damit er sich hinlegt. Danach gehen Sie mit dem Signal »Fuß« oder »Seite« wieder an dieselbe Stelle, an der Sie ursprünglich gestartet sind, und wiederholen die Übung. Nun können Sie trainieren, alle drei Durchgänge zügig hintereinander durchzuführen.

Signalfolge:

1 »Sitz« – »Drumherum« – »Fuß/Seite« –»Sitz«.

2 »Sitz« – »Drumherum« – »Sitz« (neben dem Baum) – »Fuß/Seite« – »Sitz«.

3 »Sitz« – »Drumherum« – »Balancieren« – »Drumherum« – »Fuß/Seite« – »Platz«.

2. Übung: »Platz« aus der Bewegung und Abrufen

Dies ist eine Übung, die den meisten Hunden schon nach kurzer Zeit großen Spaß macht, da viel Bewegung mit im Spiel ist. **1** Als Erstes gehen Sie ein Stück mit Ihrem Hund »Fuß«. Nach ein paar Metern geben Sie ihm das Signal, sich hinzu-

Übung 1: **Nach dem Umrunden eines Baums eignet sich so ein Holzstapel gut als Balancierhindernis.**

133

Übung 2: Nach dem Befehl »Platz« rufen Sie Ihren Hund über Ihre linke Schulter ins »Fuß«.

Ist er auf der richtigen Seite bei Ihnen angekommen, gibt's natürlich eine Belohnung.

legen, während Sie selbst möglichst zügig weitergehen, ohne sich zum Hund umzudrehen. Entfernen Sie sich dabei nur so weit, wie Ihr Hund ohne Sie sicher liegen bleibt oder so weit die Schleppleine reicht, wenn Sie diese noch benötigen.

2 Haben Sie diese Entfernung erreicht, bleiben Sie immer noch mit dem Rücken zum Hund stehen. Warten Sie einen Moment. Anschließend rufen Sie Ihren Hund über Ihre linke Schulter hinweg mit dem Signal: »Fuß« direkt an Ihre linke Seite – aber ohne sich dabei zu ihm umzudrehen.

3 Danach beginnt die Übung von vorne: Sie gehen wieder ein Stück »Fuß« mit dem Hund. Nach ein paar Metern lassen Sie ihn sich hinlegen, während Sie noch ein Stück weiterlaufen. Nach einer kleinen Pause rufen Sie ihn abermals heran, ohne sich umzudrehen – dieses Mal jedoch über Ihre rechte Schulter mit dem Signal: »Seite«. Der Hund soll nun also an Ihrer rechten Seite ankommen. Der nächste Durchgang startet wiederum mit Ihrem Hund in der »Seite«-Position.

▶ Wenn Ihr Hund beim Aufsuchen der richtigen Position noch unsicher ist, helfen Sie ihm ruhig, indem Sie mit Ihrer Hand leicht an den jeweiligen Oberschenkel klopfen. Ist der Hund auf der richtigen Seite angekommen, gibt es für ihn die gewohnte Belohnung. Natürlich lässt sich diese Übung noch weiter variieren: Ihr Hund kann sich abwechselnd hinsetzen, hinlegen oder stehen, falls er dies beherrscht.

Signalfolge: »Fuß« – »Platz« – »Fuß« – »Platz« – »Seite« – »Platz« – »Seite« ... usw.

3. Übung: »Sitz« auf dem Baumstamm mit Extra

Diese Übung verlangt schon eine recht gute Beherrschung von Ihrem Hund. Sie können damit auch leicht überprüfen, wie sicher Ihr Hund im »Sitz-bleib« mit Ablenkung ist. Suchen Sie sich dazu den nächstliegenden großen Baumstumpf.

Schwierigkeitsgrad 1: Lassen Sie Ihren Hund mit dem Signal »Hopp« oder »Drauf« auf den Baumstumpf springen und dort

»Sitz« machen. Entfernen Sie sich anschließend ein paar Meter in Blickrichtung Ihres Vierbeiners. Der Hund soll währenddessen weiterhin auf dem Baumstumpf sitzen bleiben. Verlangen Sie nun von ihm, sich auf dem Baumstumpf hinzulegen. Dazu geben Sie ihm aus der Entfernung das Signal für »Platz«. Beachten Sie bitte: Der Baumstumpf sollte ausreichend groß für den Hund sein, damit er sich nicht unsicher fühlt. Bei sehr großen Hunden nehmen Sie einen liegenden Baumstamm.

Liegt Ihr Hund, warten Sie zunächst ein Weilchen und geben ihm dann im Anschluss erneut das Signal für »Sitz«. Falls Ihr Hund schon einige Tricks beherrscht, können Sie diese auf dem Baumstumpf auf Entfernung abfragen: beispielsweise »Pfötchengeben«, »Männchen« oder »Twist« und »Runde«, sofern der Baumstumpf ausreichend groß ist. Nach jeder Übung loben Sie den Hund. Achten Sie allerdings darauf, dass er das Loben nicht mit »Ende der Übung« verwechselt. Anschließend rufen Sie Ihren Hund zu sich heran. Er bekommt ein Leckerli oder ein tolles Spiel mit Ihnen als Belohnung. Bedenken Sie dabei: Wenn Sie ein Stück vom Baumstumpf entfernt stehen, muss Ihr Hund diese Übungen alle auf Entfernung zu Ihnen machen. Funktioniert das noch nicht, dann gehen Sie einfach näher an den Baumstumpf heran. Auf diese Weise erleichtern Sie Ihrem Hund die Übung.

Signalfolge: »Hopp« – »Sitz« – »Platz« – »Sitz« – »Pfötchengeben etc.– »Hier« (Rückrufwort).

Schwierigkeitsgrad 2: Geben Sie Ihrem Hund das Signal, sich auf den Baumstumpf zu setzen. Sobald er sitzt, nehmen Sie ein Spielzeug oder ein Beutemäppchen. Werfen Sie dieses über den sitzenden Hund hinweg, sodass es ein paar Meter hinter ihm zum Liegen kommt. Ihr Hund soll währenddessen auf dem Baumstumpf sitzen bleiben. Schon dies ist für die meisten Hunde eine große Herausforderung – zumindest wenn sie Spielzeug mögen. Mag Ihr Hund kein Spielzeug, können Sie

auch einen großen Kauknochen oder ein Stück getrockneten Pansen über den Hund hinwegwerfen.

Ist Ihr Hund sitzen geblieben, rufen Sie ihn nach einem kurzen Moment zunächst zu sich. Die eigentliche Schwierigkeit für ihn besteht darin, dass er jetzt zuerst zu Ihnen kommen soll und nicht gleich zu seinem tollen Spielzeug laufen darf. Sobald er bei Ihnen angekommen ist, erhält er erst einmal eine für ihn sehr attraktive Belohnung, z. B. ein Super-Leckerli. Anschließend lassen Sie ihn sofort zu seinem Spielzeug hinter dem Baumstumpf laufen. Nach einigen Durchgängen können Sie ihn zunächst in die »Fuß«- oder »Seite«-Position kommen lassen, um ihn erst danach freizugeben. Das »Losrennendürfen« zum Spielzeug ist hier die Belohnung für Ihren Hund! Freuen Sie sich mit ihm über die erfolgreich absolvierte Übung und spielen Sie eine Runde mit ihm.

Signalfolge: »Hopp« – »Sitz« – »Hier« – »Lauf« … später: »Hopp« – »Sitz« – »Hier« – »Fuß« – »Sitz« – »Lauf«.

Schwierigkeitsgrad 3: Nachdem Sie Ihren Spaziergang eine Weile fortgesetzt haben, kombinieren Sie die beiden ersten Übungen zu einer dritten. Wieder lassen Sie Ihren Hund auf einem Baumstumpf oder flachen Stein sitzen, den Sie im Verlauf des Spaziergangs finden. Entfernen Sie sich ein Stück von Ihrem Hund. Nun nehmen Sie wieder ein Spielzeug oder ein Beutemäppchen und werfen dieses über den sitzenden Hund hinweg. Natürlich sollte auch hierbei Ihr Hund sitzen bleiben. Jetzt geben Sie ihm aus der Entfernung das Signal für »Platz« und anschließend wieder jenes für »Sitz«. Wenn Ihr Hund noch andere Signale beherrscht, etwa »Steh« oder »Männchen«, können Sie natürlich auch diese Übungen von ihm auf dem Baumstumpf abfragen. Danach rufen Sie Ihren Hund zu sich heran und lassen ihn sofort in die »Fuß«-Position gehen und dort sitzen. Hat er dies geschafft, loben Sie ihn und geben ihn frei: Jetzt darf er direkt zu seinem Spielzeug laufen.

Übung 4: Ihr Hund sitzt brav und wartet auf Ihr Signal. Das Spielzeug liegt zwischen Ihnen und dem Tier.

Prima! Der Hund ist direkt zu Ihnen gelaufen und hat das Spielzeug auf dem Weg liegen gelassen.

Signalfolge: »Hopp« – »Sitz« – »Platz« – »Sitz« – »Pfötchen-geben, etc.« – »Hier« – »Fuß« – »Sitz« – »Lauf«.

Varianten: Sie können auch einige Varianten in diese Übung einbauen, indem Sie z. B. die Wurfrichtung des Spielzeugs oder des Beutemäppchens immer wieder einmal abwechselnd bestimmen. Werfen Sie es dazu nicht direkt hinter den Hund, sondern seitlich, also links oder rechts, von ihm. Für viele Hunde ist diese Variante schwieriger, da sie das Spielzeug immer noch aus den Augenwinkeln sehen können.

Wenn es nicht klappt: Sollte Ihr Hund Schwierigkeiten bei dieser Übung haben und sie nicht erfolgreich absolvieren können, so beginnen Sie zunächst mit ganz kleinen Distanzen. Das bedeutet, Sie entfernen sich nicht so weit vom sitzenden Hund und haben dadurch mehr Einfluss auf sein Verhalten. Bei sehr unruhigen oder impulsiven Hunden halten Sie bei dieser Übung die Schleppleine einfach fest in der Hand. So kann Ihr Tier nicht verfrüht zum Spielzeug durchstarten.

4. Übung: Abrufen an einer Verleitung vorbei

Für diese Kombination suchen Sie sich ein ruhiges Wegstück. Sie setzen Ihren Hund am Wegrand ab und entfernen sich zirka zehn Meter von ihm. Jetzt platzieren Sie ein Spielzeug – einen Ball mit Schnur oder ein Beutemäppchen – auf dem Weg und gehen nochmals zehn Meter den Weg entlang weiter. Drehen Sie sich anschließend zu Ihrem Hund um und rufen Sie ihn nach einem Moment ab. Ihr Hund soll nun direkt zu Ihnen kommen. An einer solchen Verführung vorbei abgerufen zu werden, ist für viele Hunde eine ganz schön schwierige Aufgabe. Versucht Ihr Hund trotzdem das Spielzeug aufzunehmen, geben Sie das Abbruchsignal. So können Sie gleichzeitig überprüfen, ob dieses schon auf die Entfernung gut funktioniert. Falls Sie mit einer Begleitperson unterwegs sind, kann diese auch dazu abgestellt werden, das Spielzeug zu »bewachen«.

Signalfolge: »Sitz« – »Hier« – eventuell »Nein« oder ein anderes Abbruchsignal, falls nötig.

5. Übung: Tricks und Co.

Diese Übung können Sie zwischendurch auf einem ruhigen, nicht zu schmalen Weg oder einer gemähten Wiese machen.

1 Der Hund soll zunächst »Seite« laufen. Danach lassen Sie ihn an Ihrer rechten Seite einen Kreis im Uhrzeigersinn um seine eigene Achse machen, also einen »Twist«. Anschließend gehen Sie weiter mit dem Hund an Ihrer rechten Seite. Geben Sie ihm nach ein paar Schritten das »Sitz«-Signal. Jetzt laufen Sie einen Kreis im Uhrzeigersinn um Ihren sitzenden Vierbeiner herum. Nachdem Sie den Hund umkreist haben, gehen Sie weiter mit ihm in der »Seite«-Position.

Signalfolge: »Seite« – »Twist« – »Seite« – »Sitz« – »Seite«.

2 Nun lassen Sie Ihren Hund von der »Seite«-Position hinter Ihrem Rücken herum in die »Fuß«-Position wechseln (siehe Seite 90–91). Gehen Sie nun ein Stück »Fuß«, dann geben Sie das Signal »Platz« und umkreisen anschließend den liegenden Hund im Gegenuhrzeigersinn. Sobald Sie wieder so stehen, dass sich Ihr noch liegender Hund an Ihrer linken Seite befindet, geben Sie das »Fuß«-Signal und gehen mit Ihrem Hund weiter. Anschließend lassen Sie ihn wieder in die »Seite«-Position wechseln und beginnen die Übung bei Schritt 1. Dies können Sie nun in einer Endlosschleife immer wiederholen oder Sie bauen weitere Übungen ein.

Signalfolge: »Seite« – »Fuß« – »Platz« – »Fuß« – »Seite« …

3 Wieder gehen Sie mit Ihrem Hund ein Stück bei »Fuß«, um ihn aufmerksam zu machen. Nun lassen Sie ihn um den nächstgelegenen Baum oder Pfahl herumlaufen. Kommt er danach zu Ihnen zurück, gibt es erst einmal ein Leckerli zur Belohnung. Anschließend lassen Sie ihn Slalom durch Ihre Beine laufen. Sie beenden den Slalom, wenn sich Ihr Hund gerade an Ihrer rechten Seite befindet. Jetzt gehen Sie ein Stück »Seite« mit ihm. Nach ein paar Metern legen Sie Ihren Hund aus der Bewegung ins »Platz«. Das heißt, Sie gehen den Weg weiter, während Ihr Hund liegt. Anschließend suchen Sie sich einen Baum, einen Busch oder eine Parkbank, um sich dahinter zu verstecken. Nach ein paar Sekunden rufen Sie Ihren Hund aus dem Versteck heraus ab. Wenn er bei Ihnen ankommt, gibt es natürlich ein tolles Spiel mit dem Ball oder dem Beutemäppchen, je nach Neigung Ihres Hundes.

Signalfolge: »Fuß« – »Drumherum« – »Slalom« – »Seite« – »Platz« – »Hier«.

4 Ihr Hund läuft voraus, Sie machen ihn aufmerksam und geben ihm das Signal für »Sitz« (siehe »Sitz« aus der Entfernung«, Seite 80–81). Gehen Sie nun zu dem sitzenden Hund. Stellen Sie sich vor ihn und lassen Sie ihn »Männchen« machen. Nach ein paar Wiederholungen gehen Sie nicht mehr komplett zu Ihrem Hund zurück, sondern rufen stattdessen die Übung »Männchen machen« aus der Entfernung ab. Anschließend lassen Sie Ihren Hund »Platz« machen. Während er liegt, gehen Sie zum nächsten Baum und stellen Ihr Bein daran hoch. Jetzt rufen Sie Ihren Hund aus dem »Platz« ab und lassen ihn über Ihr an den Baum gestelltes Bein springen. Bitte vergessen Sie nicht, hierbei die ganzen Teilschritte zu belohnen, etwa nach dem »Männchen machen«. Erst nach einiger Übungszeit werden Sie die Übungen als Folge abrufen können, ohne Zwischenbelohnungen geben zu müssen.

Grenzenlose Kombinationsmöglichkeiten: Denken Sie sich selbst weitere Abfolgen dieser Art aus. Sie haben nun genügend Auswahl an Einzelübungen zur Hand, die Sie nahezu beliebig kombinieren können. Sie werden sehen, es macht Ihrem Hund Riesenspaß und fordert ihn, sodass er wesentlich ausgelasteter ist. Ganz nebenbei verfestigen und vertiefen Sie dabei die Übungen des Sechs-Wochen-Intensivtrainings. Gerade wenn Sie die Übungen in ganz unterschiedlichen Zusammenstellungen immer wieder einmal abrufen, wird Ihr Hund diese bald sicher und zuverlässig ausführen.

REGISTER

Die **halbfett** gesetzten Seitenzahlen verweisen auf Abbildungen. U = Umschlag, UK = Umschlagklappen

A

B

C

D

E

F

G

ADRESSEN, DIE WEITERHELFEN

Fédération Cynologique Internationale (FCI), Place Albert 1er 13, B-6530 Thuin, www.fci.be

Verband für das Deutsche Hundewesen e. V. (VDH), Westfalendamm 174, 44141 Dortmund, www.vdh.de

Österreichischer Kynologenverband (ÖKV), Siegfried-Marcus-Str. 7, A-2362 Biedermannsdorf, www.oekv.at

Schweizerische Kynologische Gesellschaft (SKG/SCS), Brunnmattstr. 24, CH-3007 Bern, www.skg.ch

Deutscher Tierschutzbund e. V., Baumschulallee 15, 53115 Bonn, www.tierschutzbund.de

Schweizer Tierschutz (STS), Dornacherstr. 101, CH-4008 Basel, www.tierschutz.com

Österreichischer Tierschutzverein, Berlagasse 36, A-1210 Wien, www.tierschutzverein.at

Deutscher Hundesportverband e.V., Nordstr. 14a, 06886 Lu-Wittenberg, www.dhv-hundesport.de

Berufsverband der Hundeerzieher und Verhaltensberater e.V. (BHV), Auf der Lind 3 , 65529 Waldems-Esch www.hundeschule.de

Bundestierärztekammer e.V., Französische Strasse 53, 10117 Berlin www.bundestieraerztekammer.de

BPT-Bundesverband praktizierender Tierärzte e. V., www.smile-tierliebe.de, über das Portal finden Sie den nächstgelegenen Tierarzt

Forschungskreis Heimtiere in der Gesellschaft, Postfach 110728, 28087 Bremen, www.mensch-heim-tier.de

Fragen zur Haltung von Hunden beantworten Ihr Zoofachhändler und der Zentralverband Zoologischer Fachbetriebe Deutschlands e. V. (ZZF), Tel. (0611) 44755332 (nur telefonische Auskunft möglich: Mo 12–16 Uhr, Do 8–12 Uhr), www.zzf.de

HAFTPFLICHTVERSICHRUNG

Fast alle Versicherungen bieten auch Haftpflichtversicherungen für Hunde an. Informationen erhalten Sie bei Ihrer Versicherung.

KRANKENVERSICHERUNG

Uelzener Versicherungen, Postfach 2163, 29511 Uelzen, www.uelzener.de

AGILA Haustierversicherung AG, Breite Str. 6–8, 30159 Hannover, www.agila.de

Allianz, Königinstraße 28, 80802 München, www.katzeundhund.allianz.de

REGISTRIERUNG VON HUNDEN

Deutsches Haustierregister, Baumschulallee 15, 53115 Bonn, www.deutsches-haustierregister.de

TASSO e. V., Abt. Haustierzentralregister, 65784 Hattersheim, Tel. (06190) 937300, www.tasso.net

Internationale Zentrale Tierregistrierung (IFTA),
Nördliche Ringstr. 10,
91126 Schwabach, Tel. (00800)
43820000 (kostenlos)

ADRESSEN IM INTERNET

www.dogmind.de

www.gassi-coach.de

www.hundeadressen.de Infos zu
Sport, Erziehung und Ausbildung,
Züchteradressen

www.hundewelt.de Alles Wissenswerte über Rassehunde mit wichtigen
Adressen

www.spass-mit-hund.de Mit vielen
Ideen rund um Spiele und Beschäftigung mit dem Hund

www.my-pet.com
Community mit Themen rund um
Hund und Katze

www.ferien-mit-Hund.de Viele
Adressen von Hotels, Ferienhäusern
und Ferienwohnungen für den Urlaub
mit Hund

BÜCHER, DIE WEITERHELFEN

Eilert-Overbeck, B.: Hunde-Spiele.
Gräfe und Unzer Verlag, München

Hegewald-Kawich, H.: 300 Fragen zur
Hundeerziehung. Gräfe und Unzer
Verlag, München

Lindner, R.: 300 Fragen zum Hundeverhalten. Gräfe und Unzer Verlag,
München

Ludwig, G.: Hunde-Spiele-Box.
Gräfe und Unzer Verlag, München

Schlegl-Kofler, K.: Das große Praxishandbuch Hunde-Erziehung. Gräfe
und Unzer Verlag, München

Schlegl-Kofler, K.: Trickkiste Hundeerziehung. Gräfe und Unzer Verlag,
München

Schlegl-Kofler, K.: Hunde-Clickertraining. Gräfe und Unzer Verlag,
München

Schlegl-Kofler, K.: Hundesprache.
Gräfe und Unzer Verlag, München

Schlegl-Kofler, K.: Rückruftraining
für Hunde. Gräfe und Unzer Verlag,
München

Schmidt-Röger, H.: Das große Praxishandbuch Hunde. Gräfe und Unzer
Verlag, München

Winkler, S.: Hunde-Clicker-Box.Gräfe
und Unzer Verlag, München

ZEITSCHRIFTEN

Der Hund. Forum Zeitschriften und
Spezialmedien GmbH, Berlin

Partner Hund. Ein Herz für Tiere
Media GmbH, Ismaning,
www.partner-hund.de

Unser Rassehund. Hrsg. Verband für
das Deutsche Hundewesen e. V.,
Dortmund

Dogs. Gruner + Jahr, Hamburg

DIE FOTOGRAFIN

Natascha Schwitalla hat in Frankreich und lange in Amerika gelebt, wo auch ihre berufliche Laufbahn begann. Als ehemalige Vorstandssekretärin und Geschäftsleitungsassistentin in international agierenden Unternehmen wagte sie vor einigen Jahren einen beruflichen Neuanfang. Heute studiert sie Grafik-Design und arbeitet als freiberufliche Fotojournalistin mit dem Themenschwerpunkt „Emotionale Tierfotografie – Tiere und ihre Menschen". Dabei trifft sie gerne auf Menschen, die eine herzliche Beziehung zu ihren Tieren pflegen und in ihnen Wegbegleiter, Familienmitglieder und Freunde sehen.

Alle Fotos in diesem Buch stammen von Natascha Schwitalla, mit Ausnahmen von:
Tania Bose/Uwe Moosburger/ Natascha Schwitalla: U7-2;
Fotolia: 20; **Getty-Images/Baggaley:** 31; **Getty-Images/Surfer:** 33; **Getty-Images/Stavri:** 37-1; **Getty-Images/ Brown:** 37-2; **Getty-Images/Pritz:** 93-2; **Oliver Giel:** U1, 1, 2, 82, 88/89, 89, 104, 121; **iStock:** 26, 90, 93-1, 94, 95, 115; **Juniors Bildarchiv:** 62; **Zoonar:** U3-3.

WICHTIGE HINWEISE

Die Informationen und Empfehlungen in diesem Buch beziehen sich auf normal entwickelte, charakterlich einwandfreie Hunde. Bei Hunden aus dem Tierheim können Pfleger und Tierheimleitung oft Auskunft über die Vorgeschichte des Vierbeiners geben. Für jeden Hund ist ein ausreichender Versicherungsschutz zu empfehlen.

IMPRESSUM

© 2013 GRÄFE UND UNZER VERLAG GmbH, München. Alle Rechte vorbehalten. Nachdruck, auch auszugsweise, sowie Verbreitung durch Bild, Funk, Fernsehen und Internet, durch fotomechanische Wiedergabe, Tonträger und Datenverarbeitungssysteme jeder Art nur mit schriftlicher Genehmigung des Verlages.

Projektleitung: Regina Denk
Lektorat: Gerdi Killer, bookwise GmbH, München
Bildredaktion: Waltraud Flöter
Umschlaggestaltung: independent Medien-Design, Horst Moser, München
Layout und Satz: Ludger Vorfeld
Herstellung: Petra Roth
Reproduktion: Longo AG, Bozen
Druck: Firmengruppe APPL, aprinta druck, Wemding
Bindung: Firmengruppe APPL, m.appl GmbH, Wemding

Printed in Germany

ISBN 3-8338-2681-8

2. Auflage 2013

Syndication:
www.jalag-syndication.de

 www.facebook.com/gu.verlag